我愛非洲紫羅蘭

高維江 著

萬里機構・得利書局出版

我愛非洲紫羅蘭

編著
高維江

編輯
王燕妮

封面設計
吳明煒

版面設計
黎品先

出版
萬里機構・得利書局
香港鰂魚涌英皇道1065號東達中心1305室
電話：2564 7511　　傳真：2565 5539
網址：http://www.wanlibk.com

發行
香港聯合書刊物流有限公司
香港新界大埔汀麗路36號中華商務印刷大廈3字樓
電話：2150 2100　　傳真：2407 3062
電郵：info@suplogistics.com.hk

承印
美雅印刷製本有限公司

出版日期
二〇一三年六月第一次印刷

ISBN 978-962-14-5123-1

 **萬里機構**wanlibk.com 

序 1

非洲紫羅蘭素稱「室內植物皇后」，大家對它不感陌生，體態嬌小，卻千變萬化，配合不同的花形和斑藝，打理得宜能經年開花不輟，實在是陶冶性情、舒緩壓力的不二之選。許多人以為它來自非洲，喜愛酷熱天氣；以為所有品種皆適合葉片繁殖；以為植料中加入大量肥料，可令花量增多。凡此種種「以為」，使不少朋友在種植非洲紫羅蘭上碰到挫折，植株最終去如黃鶴，令不少栽花人感到灰心。

坊間對非洲紫羅蘭的認識其實不算多。非洲紫羅蘭雖然來自非洲，但卻原生在東非的山區叢林，環境並不酷熱，所以在香港，度夏時最好在空調地方種植；它雖然可以用葉片繁殖，但原來對「十字花品種」卻不能用此方法，否則新一代的小苗難以保存原有花色；它的根系比頭髮更幼，施以大量肥料會弄巧成拙，薄肥多施才是最佳做法。

高先生是我在種植非洲紫羅蘭上的良師。十年前，第一次見其浩瀚花海，同行者都讚嘆不已；第一次與高先生對話，就感到他的種植知識之淵博。宋代大儒朱熹曾說：「舊學商量加邃密，新知培養轉深沉」，高先生在既有的品種和技術上，永不言休，精益求精地向更高層次進發，而先生的努力亦沒有白費，除了三度著作以弘揚種植非洲紫羅蘭技術外，多年來亦先後培育出「高氏品種」系列十字花，其嬌美花色令世界非洲紫羅蘭愛好者趨之若鶩，在向來屬歐、美執牛耳的非洲紫羅蘭文化上，為香港、為華人爭光。

忝為高先生華篇作序，實在與有榮焉。希望各位新知舊雨，能在閱讀本書時有所得益，種植出令人心有光明的非洲紫羅蘭。

香港園藝館　George

歲次壬辰葭月朔日

與Stanley的相識，源起於美國科羅拉多丹佛市2007年的AVSA Convention & Show。初次見面，Stanley以不甚流利的普通話間雜着粵語與我們溝通，雖然礙於語言的隔閡，有時猜測不到對方想表達的語意，我們卻打從心底認了這個朋友，因為，只有同樣為花痴狂的花瘋子，才會為了追花而飛越大半個地球。

African Violet在台灣被稱作非洲堇，一直不是花市裏的主流的盆花，但卻又不難在台灣的花市發現其蹤影，特別是冬季至春季這段氣候較涼爽的時間，花市裏展售的非洲堇盆栽品質佳且花色多，可以説是物美價廉。很多朋友都是在花市裏初次與非洲堇結緣，再藉由網路資訊搜尋之便捷，發現原來非洲堇的品種變化如此之多元，不僅是株型大小有別，還有葉型、葉色、花型、花色等變化，並可以在室內完全用人工光源栽培，不自覺地就跌落無盡花海深淵……

遺憾的是，很多非洲堇的栽培書籍都是以英文或日文書寫，而且歐美、日本的氣候與栽培環境，跟香港及台灣等地相去甚遠。很高興Stanley能夠將其累積數十年的非洲堇栽培經驗，集結成書並以華文與大家分享，造福兩岸三地喜愛非洲堇的朋友，相信會有更多人因為此書而與我們一同於浩瀚花海中沉淪，甘為花奴。

台灣花友

葉春妙(Dolly Yeh)

劉英華(Vivian Liu)

自序

種植非洲紫羅蘭，不知不覺已過了29個年頭，在這漫長的歲月中，本人收集的品種，真是多得難以估計，有些太舊的品種，已經被淘汰，存下來的都是我的摯愛以及最新引進的品種，有俄羅斯種、加拿大種、日本種、美國種和於美國非洲紫羅蘭協會登錄註冊自己孕育的54個高氏品種。目前本人孕育的品種是以縞花為主，在歐美、亞洲有幸得到很多人的喜愛，給了我極大的鼓舞，這對我種植和推廣非洲紫羅蘭，增添不少動力，一定要繼續堅持下去。

我當初種植非洲紫羅蘭只是放置在窗台邊，繼而有了一座花架，再而是一個房間，進而擁有一個花舍，這些都有賴太太的支持，她分擔了大部分繁瑣工作，而我就專注於繁殖和孕育新品種。每當周六、周日或假期，花舍便是我娛樂消遣的場地，往往每天會戀上10個小時或以上，這種動力來自繁殖上的成功和高氏品種的誕生。今天，花種色調的變化，比上個世紀八、九十年代時更具特色，多姿多采，更令人玩味。在自己孕育的品種中，我較喜愛Ko's Yearning、Ko's Chortle、和剛完成註冊的Ko's Double Temptation，希望大家都喜歡。

從開始種植非洲紫羅蘭至今，認識了很多喜歡種植的朋友，隨着時間的流逝，熱情的冷卻，基於各種原因，很多人都已經放棄了。其實，種植與飼養動物一樣，要付出時間、愛心和耐性，種植不是短暫的任務，懂得享受個中樂趣，自然不會覺得乏味，還要時刻抱有希望，一覺醒來，哈哈，開花了，成功了！完成這個歷程，再來一個，希望永遠在前面。

我把非洲紫羅蘭喻為我的老朋友——永恆的老朋友。其中有與我相伴了廿多年的靚品種，它們都經歷過生病、蟲害、炎熱、寒冷、參展、參賽、得獎等，看到它們至今依然繁花盛開，朝氣勃勃，我不得不讚嘆一句：老朋友，你們的耐力、生命力，實在很強啊！

年前我專程飛往東京和大阪，收集日本品種，到了今天，這些品種已成為我的珍藏。日本唯一的非洲紫羅蘭繁殖專賣場，位於大阪的Flower Canyon，因為大火而結業，要尋找特別和出色的非洲紫羅蘭品種，現在相對比較困難，而我的日本種珍藏品，幸運地加入了老朋友們的隊伍，成為它們的新伙伴。

高維江

10/1/2013

目錄 Contents

第三章 種植解難釋疑

附錄

第一章

非洲紫羅蘭圖鑑

非洲紫羅蘭的發現

非洲紫羅蘭的原生種

非洲紫羅蘭的花色變化萬千，十分惹人喜愛，然而，對那些從沒有接觸過這種花的人來說，從它的名字自然而然會聯想到，非洲紫羅蘭就只是開紫色花朵，實際上，非洲紫羅蘭的原生種，開出來的都是紫藍色單瓣小花。

1892年，德國的殖民地官員兼業餘植物學家沃爾特・聖保羅(Walter von Saint Paul)，在坦桑尼亞東北省份的烏桑巴拉山脈海拔33公尺的原始森林中，從堆積着腐植土的石灰岩裂隙中發現了第一棵可愛紫色小花後，又於1893年，在海拔600米原始森林花崗岩處再發現了第二組群。後來，沃爾特・聖保羅把收藏的小花送給他在德國的父親聖保羅男爵(Baron von Saint Paul)，男爵把一部分小花轉贈給他的友人，當時任職皇家植物公園的赫爾文德蘭(Herman Wenland)園長。

原生種Saintpaulia ionantha 'mather clone'

原生種Saintpaulia confusa

原生種 Saintpaulia diplotricha punter #0

原生種 Saintpaulia grandifolia #299

原生種 Saintpaulia grotei 'Silvert clone'

原生種 Saintpaulia ionantha

原生種 Saintpaulia grandifolia #237

原生種 Saintpaulia rupicola

原生種 Saintpaulia shumensis

原生種 Saintpaulia tongwensis

原生種 Saintpaulia veluntina 'Lite'

原生種 Saintpaulia veluntina

當赫爾文德蘭收到這些小花，非常喜歡，意識到這是一個新品種的發現。為了感謝聖保羅，他把此花命名為「聖保羅之花」（Saintpaulia），並開始作研究，嘗試繁殖這些紫藍色的小花，後來更把它歸類為「非洲堇」（Ionantha），「Ion」是希臘語紫色的意思，「antha」是指開花，因為非洲堇看起來與木本植物的紫羅蘭十分相似，人們便冠以「非洲紫羅蘭」（African Violet）的稱號。

其後幾年間，經過德國 Ernst Benary 與英國 Suttons 兩大育苗園圃雜交育種，販賣種子，非洲紫羅蘭遠銷世界各地，並漸漸在歐洲普及起來。

變異和培植

1893年，美國紐約George Stumph花店，費城William Harris苗圃，已有進口非洲紫羅蘭了。當時有些人試圖進一步繁殖非洲紫羅蘭來販買，但美國東海岸天氣太寒冷，大家都缺乏對非洲紫羅蘭繁殖的專業知識，結果失敗了。

後來隨着暖氣設備在美國日漸普及，種植非洲紫羅蘭的愛好復興起來，此時，加利福尼亞州Armacost and Royston苗圃洞悉了這個商機，便從德國Ernst Benary和英國Suttons進口1000株小苗，細心挑選，只保留十個優良品種，冠之以「Original Ten」，專心培育，並將小苗分別定名為：Admiral、Amethyst、Blue Boy、Commodore、Mermaid、Neptune、Norseman、Sailor Boy、Viking、No 32，從那時開始，育種家便利用名字來定義自己的新品種了。

這十個品種對非洲紫羅蘭日後的發展功不可沒，在十個優良品種中，研究的學者們皆認同，Blue Boy地位最崇高，對非洲紫羅蘭發展的影響最大。

在1939年，Ed Wangbickler從一組培殖花苗中，發見Blue Boy綻放出美麗的重瓣藍色花朵，異變成為Double Blue Boy。

1940年，著名花店Holton and Hunkel，又從另一批Blue Boy裏，發現異變了的Blue Boy，像有一盞燈藏在藍色的夜裏，這是第一次記錄到有粉紅色花的出現，驚喜之餘，他們即時將其命名為Pink Beauty。

到40年代，Peter Ruggeri發現了白色的品種，定名為White Lady，而Fischer Greenhouses也相繼孕育出皺邊花，夢幻噴點等新品種。非洲紫羅蘭的花色系列到了此時開始發展得愈來愈豐富，種植熱潮也愈趨旺盛。直至1946年11月8日，一群熱愛非洲紫羅蘭的種植者，在喬治亞州亞特蘭大市，互相聯聚起來，舉辦了第一次盛大的非洲紫羅蘭展覽。之後，世界各地也紛紛成立各種協會，定期舉辦有關展覽活動，促使非洲紫羅蘭的種植文化發揚光大。

Blue Boy

Neptune

黃色花的誕生

上個世紀80年代初，非洲紫羅蘭仍然沒有黃色花品種，尋找黃花品種成為很多育種者夢寐以求的心願。有一次在一個賞花聚會中，有人評估，如果有黃花品種，一定價值不菲，可能要以萬元計算。

直至1989年，終於獲悉非洲紫羅蘭有黃花誕生的喜訊，一個美國的朋友Bay Valley Violet-Jamie Christensen女士來信告知，在美國非洲紫羅蘭協會第43屆年會中，有人發表了三個罕有黃花品種，分別是His Promise、Majesty、Heavenly Dawn，每棵小苗售價為50美元。以當時的美元幣值計算，真的相當昂貴。即時委託她代為訂購全部三個罕有品種，並得悉出品人是Nolan Blansit，黃花繁殖的過程，還有一個動聽的故事。

Nolan講述黃花誕生歷程，經歷頗為神奇，他相信是主賞賜給非洲紫羅蘭愛好者的禮物。1977年，他與妻子Cindy正從西雅圖返回加拿大溫哥華途中，一路上風光明媚，景色怡人，他心境開朗，不知不覺已經融入了大自然中，此時，他倆都聽到有說話的聲音，承諾黃色花的非洲紫羅蘭將會誕生，並委派他們開始研發。他們都相信這是主的呼喚。

Nolan回家後，便着手進行研發工作，初期是以Holtkamp的Nevada與Sea Queen交配，繁殖出來結果並不理想，只有少量植株近花蕊部分微有黃色，以後他再以Black Jack和White Glory與Sparky反覆互相交配，又嘗試把2000多種子不斷交替配種，經過長達12年的努力，最後研發成功了，首三株黃色花的非洲紫羅蘭品種終於誕生。為了感謝神，三個黃花品種的命名都別具意義，His Promise：感謝主的承諾；Majesty：感謝主的奇跡；Heavenly Dawn：感謝主的賞賜，誕生了像天堂般美麗的黃花。

Nolan將三個黃花品種交與美國非洲紫羅蘭遺傳學家Dr. Jeff Smith分析，經過科學測試，三個品種都同樣擁有黃色基因，確認了非洲紫羅蘭黃花品種正式面世。

類型及鑑賞

非洲紫羅蘭是一個龐大家族，以AVSA登錄註冊的數目計算，目前它的品種過萬，部分沒有註冊的品種，數目難以統計，而且每年仍不斷有新品種誕生。近年誕生的新種，無論在花型、花色上都起了革命，比早期的舊種豐富很多，其類型可分為傳統的四大組別：迷你型、半迷你型、標準型和懸垂型。

還有非洲紫羅蘭中的極品，迷倒很多種植者的縞花，又稱十字花。特別矜貴的尚有縞葉品種、日本品種和高氏品種等。

編列的品種類型中，如果沒有寫上AVSA編號，就表示沒有註冊，但同樣深受歡迎，同樣是值得介紹的品種。

迷你型 Miniature

葉面幅度不超過15厘米的植株，被列為迷你型，適用5厘米或6.5厘米盆種植，由於迷你型品種體積細小，適合香港的室內環境，書桌上、飾物櫃、窗枱邊等，只要有光線的地方都適合種植。

Jolly Orchid

育種：H. Pittman　　AVSA註冊編號：9719
花型：重瓣白色堇型花。
葉型：中綠色普通型葉。

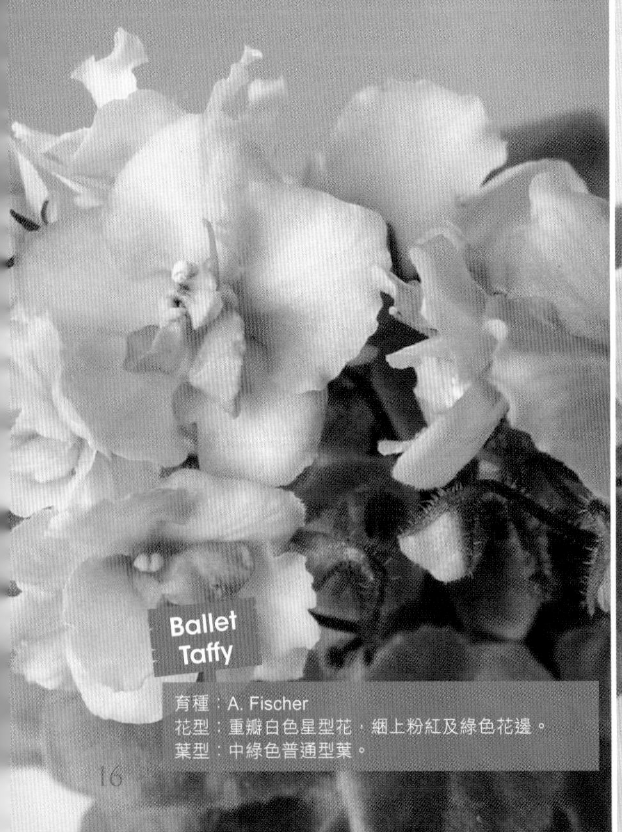

Ballet Taffy

育種：A. Fischer
花型：重瓣白色星型花，緦上粉紅及綠色花邊。
葉型：中綠色普通型葉。

Ness' Plum Dandy

育種：D. Ness
花型：淺紫色重瓣星型花，襯白色花邊。
葉型：深綠色普通型葉。

育種：G. McDonald　AVSA註冊編號：9478
花型：珊瑚紅半重瓣堇型花，添上深紅色噴點。
葉型：馬賽克普通型斑葉。

育種：H. Pittman　AVSA註冊編號：7084
花型：深藍色單瓣花，綑以白色花邊。
葉型：中綠色卵型斑葉。

育種：R. Robinson　AVSA註冊編號：8875
花型：半重瓣粉紅色堇型花。
葉型：中綠色普通型斑葉。

育種：Holtkamp　AVSA註冊編號：7350
花型：單瓣白色黃蜂花。
葉型：中綠色心型葉。

育種：A. Droege
花型：白色重瓣星型花。
葉型：中綠色心型葉。

育種：A. E. Adams
花型：半重瓣白色星型花，襯以綠色花邊。
葉型：中綠色鋸齒邊普通型葉。

育種：H. Pittman　AVSA註冊編號：8771
花型：半重瓣粉紅色堇型花。
葉型：中綠色普通型斑葉。

育種：R. Robinson　AVSA註冊編號：7899
花型：粉紅色半重瓣堇型花。
葉型：深綠色欖核型葉。

育種：R. Robinson　AVSA註冊編號：8616
花型：藍色半重瓣堇型花。
葉型：深綠色欖核型葉。

育種：G. McDonald　AVSA註冊編號：10508
花型：白色單瓣堇型花，花瓣襯以粉紅色指模印畫。
葉型：深綠色卵型葉。

育種：G. McDonald　AVSA註冊編號：10516
花型：白色半重瓣堇型花，花瓣滲出不規則粉紅色印畫。
葉型：中綠色鋸齒邊凹凸型葉。

育種：H. Inpijn/R. Nadeau　AVSA註冊編號：5566
花型：半重瓣淺藍色堇型花，襯上深藍色噴點。
葉型：中綠色普通型葉。

育種：J. Gehr
花型：白色重瓣花，配黃色花蕊。
葉型：中綠色普通型葉。

Orchard's
Bumble Magnet

育種：R. Wilson　　AVSA註冊編號：8479
花型：白色加粉紅色，重瓣星型花。
葉型：中綠色欖核型葉。

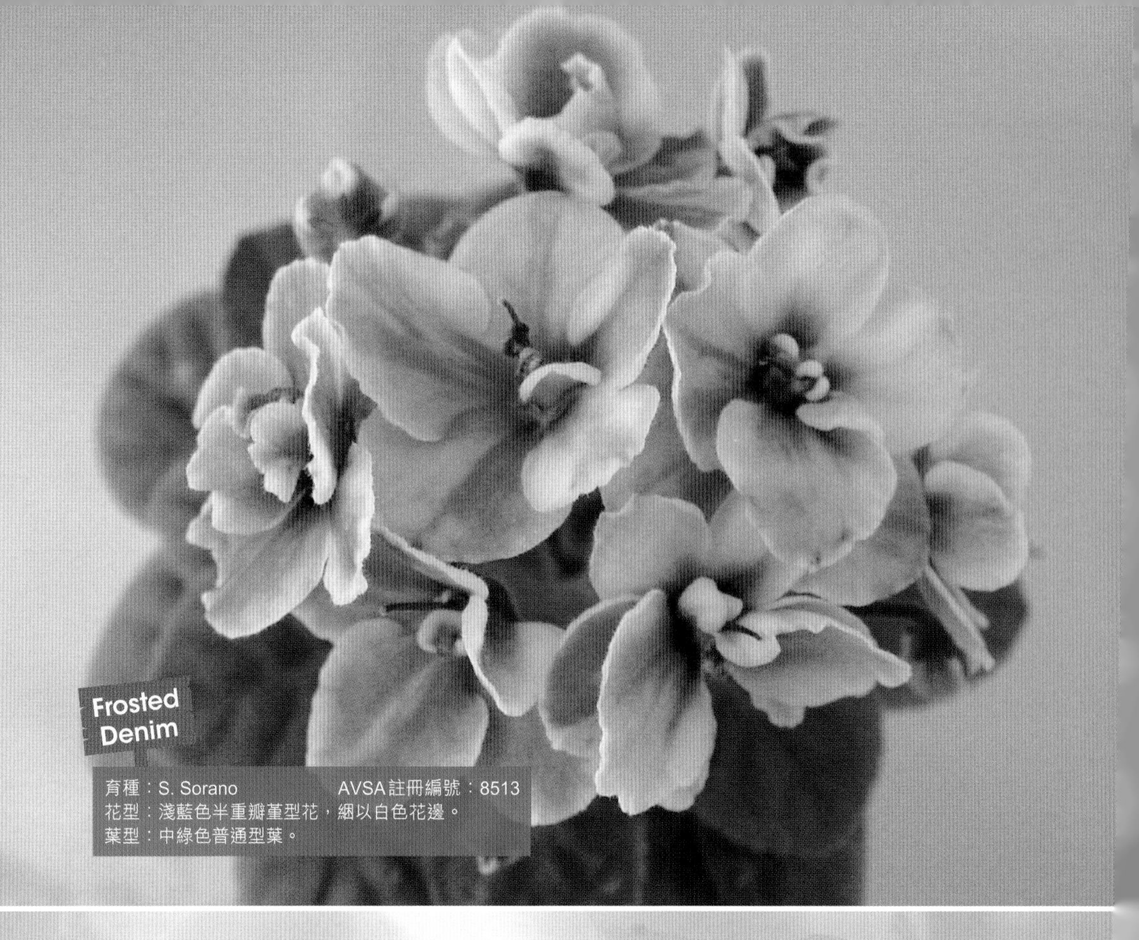

Frosted Denim

育種：S. Sorano　　AVSA註冊編號：8513
花型：淺藍色半重瓣堇型花，綑以白色花邊。
葉型：中綠色普通型葉。

Jolly Blue Clouds

育種：H. Pittman　　AVSA註冊編號：10017
花型：白色半重瓣堇型花，綑上不規則藍色襯邊。
葉型：淺綠色普通型葉。

Rob's Itchy Britches

育種：R. Robinson　AVSA註冊編號：9801
花型：半重瓣白色綴邊星型花，細粉紅花邊，並帶有藍色噴點
葉型：中綠色波浪型型葉

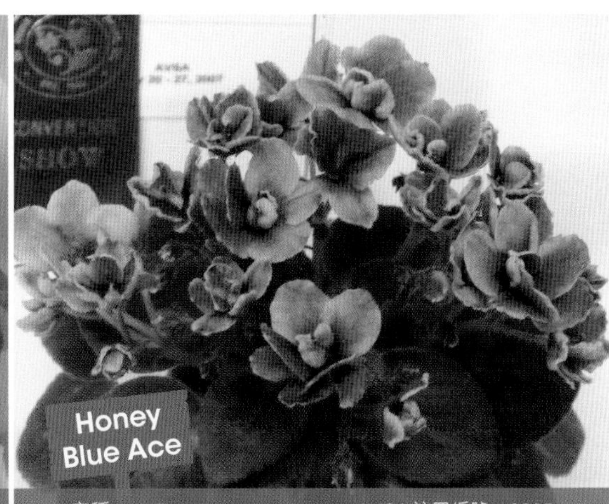

Honey Blue Ace

育種：H. Pittman　AVSA註冊編號：9265
花型：深藍色半重瓣堇型花，襯以白色花邊。
葉型：中綠色普通型葉。

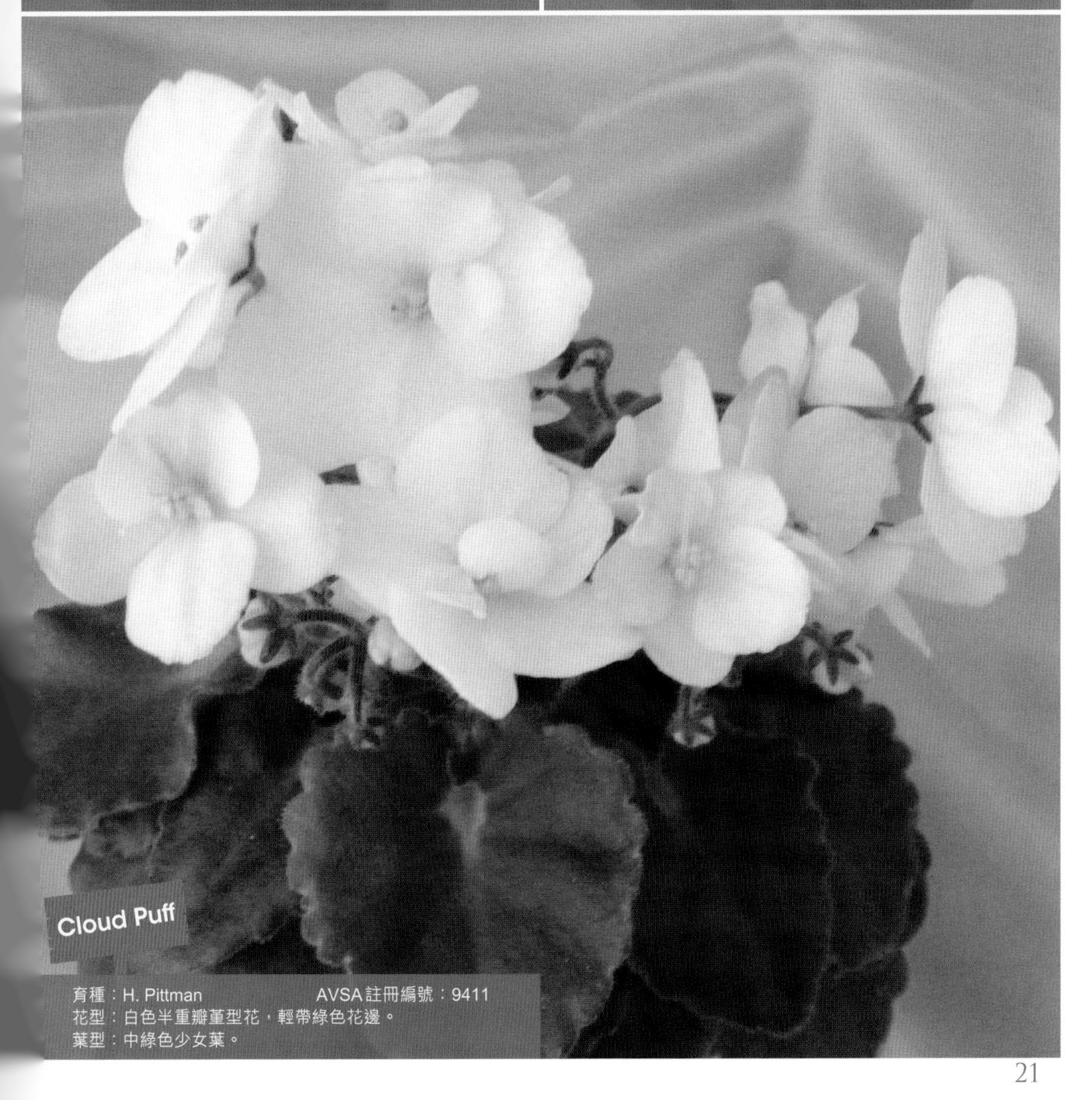

Cloud Puff

育種：H. Pittman　AVSA註冊編號：9411
花型：白色半重瓣堇型花，輕帶綠色花邊。
葉型：中綠色少女葉。

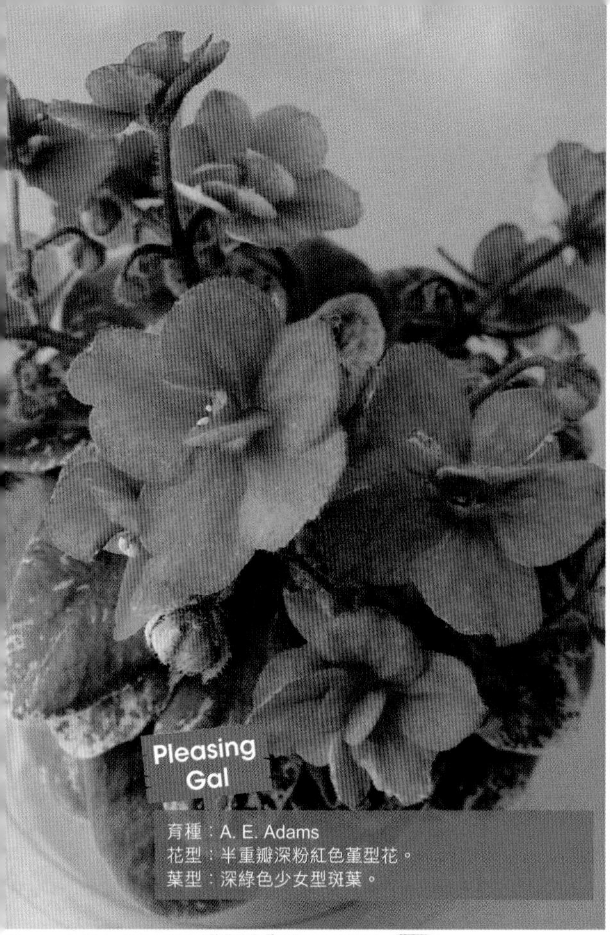

育種：A. E. Adams
花型：半重瓣深粉紅色堇型花。
葉型：深綠色少女型斑葉。

育種：R. Robinson　AVSA註冊編號：7728
花型：紫色半重瓣綴邊星型花，襯深紫色花蕊。
葉型：中綠色欖核型斑葉。

育種：S. Sorano　AVSA註冊編號：8267
花型：粉紅色半重瓣堇型花。
葉型：深綠色普通型斑葉。

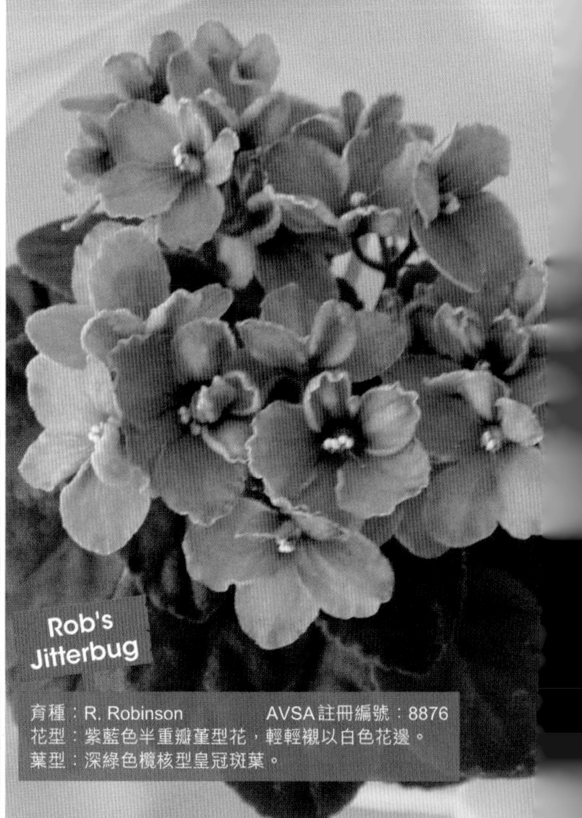

育種：R. Robinson　AVSA註冊編號：8876
花型：紫藍色半重瓣堇型花，輕輕襯以白色花邊。
葉型：深綠色欖核型皇冠斑葉。

育種：Holtkamp　　AVSA註冊編號：6956
花型：淺粉紅半重瓣星型花。
葉型：中綠色心型葉。

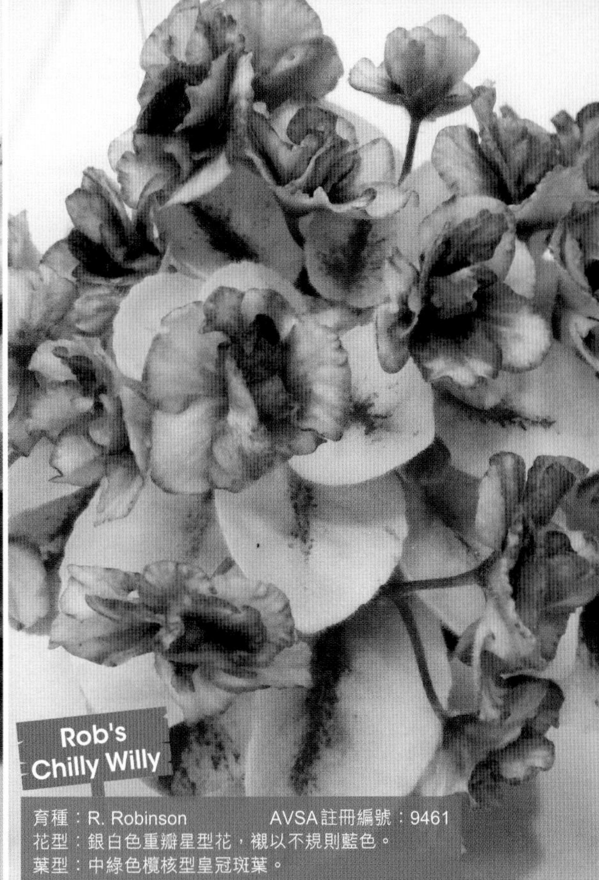

育種：R. Robinson　　AVSA註冊編號：9461
花型：銀白色重瓣星型花，襯以不規則藍色。
葉型：中綠色欖核型皇冠斑葉。

育種：R. Robinson　　AVSA註冊編號：8177
花型：白色半重瓣堇型花，襯紫藍色花蕊。
葉型：中綠色欖核型葉。

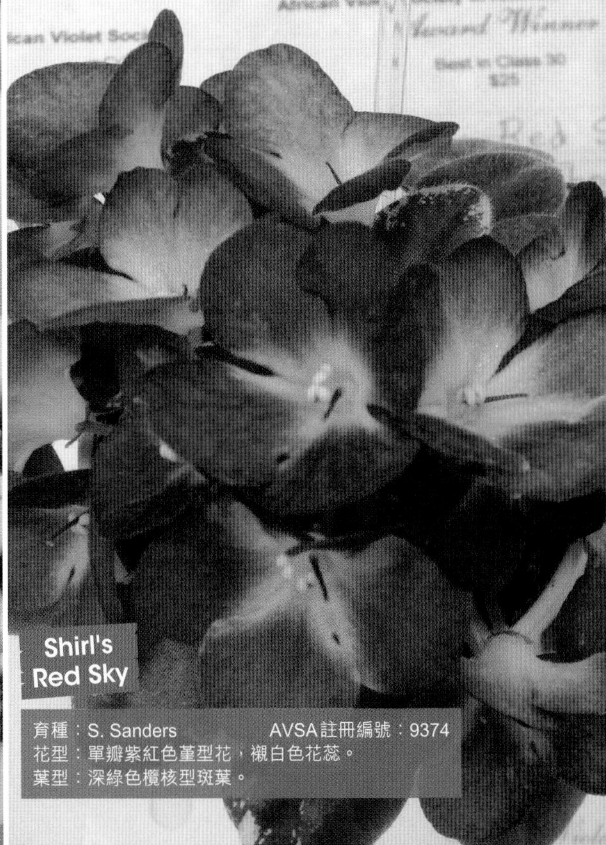

育種：S. Sanders　　AVSA註冊編號：9374
花型：單瓣紫紅色堇型花，襯白色花蕊。
葉型：深綠色欖核型斑葉。

半迷你型 Semi Miniature

葉面幅度介乎15-20厘米的植株，稱半迷你型組別，適用6.5厘米盆種植，整體植株比迷你型略大，而近年發表的這類品種中，不但生長速度快，花量多，而且花色和花型上也有所改善，甚至可媲美標準型品種。

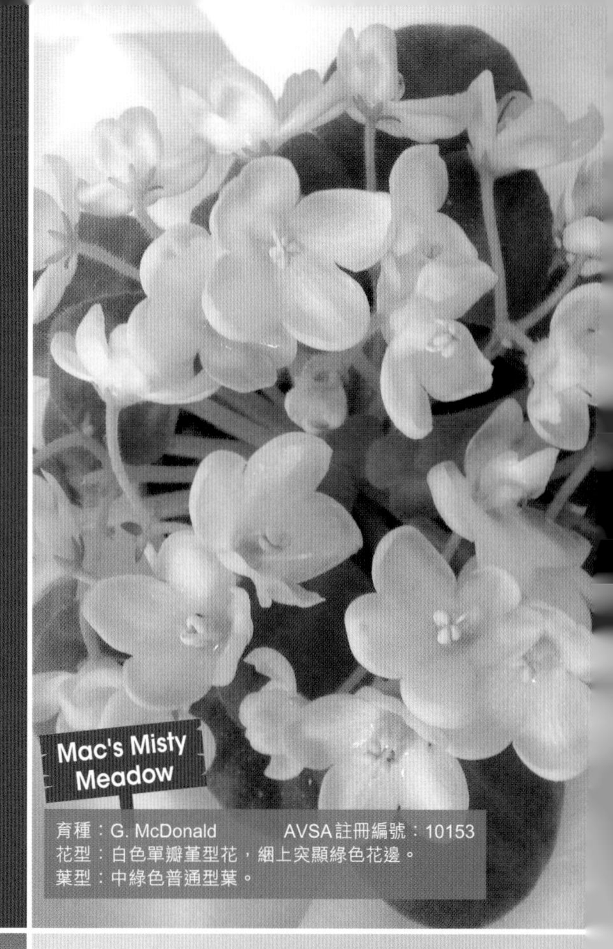

Mac's Misty Meadow

育種：G. McDonald　AVSA註冊編號：10153
花型：白色單瓣堇型花，綑上突顯綠色花邊。
葉型：中綠色普通型葉。

Rob's Ice Ripples

育種：R. Robinson　AVSA註冊編號：8610
花型：白色縐邊半重瓣星型花，綑上紫色花邊。
葉型：中綠色鋸齒邊波浪型葉。

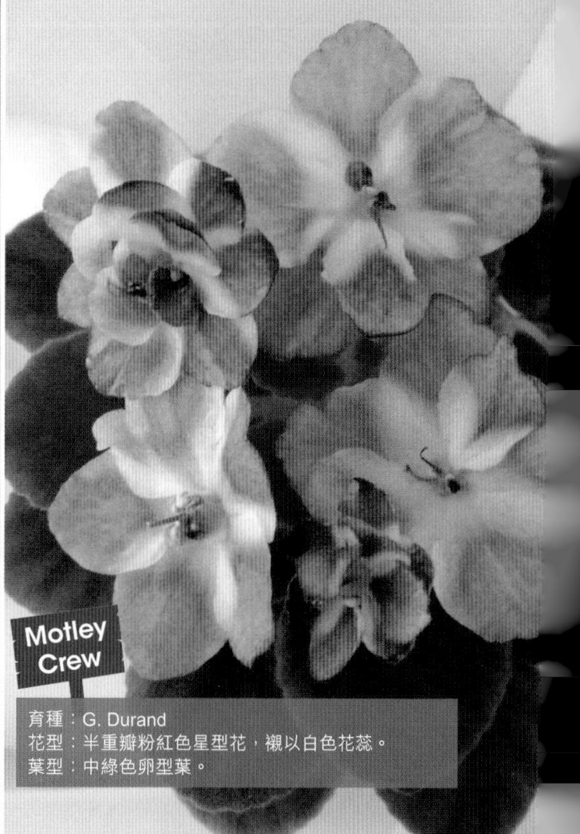

Motley Crew

育種：G. Durand
花型：半重瓣粉紅色星型花，襯以白色花蕊。
葉型：中綠色卵型葉。

育種：R. Robinson　　AVSA註冊編號：7029
花型：白綠色縐邊重瓣堇型花。
葉型：中綠色鋸齒邊卵型斑葉。

育種：D. Rollins
花型：白色重瓣星型花，襯淺粉紅色花蕊。
葉型：中綠色鋸齒邊普通型葉。

育種：J. Brownlie　　AVSA註冊編號：8623
花型：半重瓣淺粉紅堇型花，綑以寬大深粉紅色花邊。
葉型：中綠色普通型斑葉。

育種：S. Sorano
花型：白色半重瓣堇型花。
葉型：中綠色普通型葉。

育種：P. Sorano　　AVSA註冊編號：9520
花型：淺紫色重瓣星型花，襯上中紫色花蕊。
葉型：中綠色鋸齒邊普通型葉。

育種：P. Sorano　　AVSA註冊編號：9187
花型：單瓣紫紅色指模印畫堇型花。
葉型：中綠色心型斑葉。

育種：R. Follet/D. Senk　AVSA註冊編號：9873
花型：白色單瓣黃蜂花，襯以綠色花邊。
葉型：中綠色鋸齒邊普通型斑葉。

育種：S. Sorano　AVSA註冊編號：8245
花型：黃白色重瓣堇型花。
葉型：深綠色鋸齒邊心型葉。

育種：G. McDonald　AVSA註冊編號：10301
花型：黑色半重瓣縐邊堇型花。
葉型：中綠色卵型斑葉。

育種：S. Sorano　AVSA註冊編號：8527
花型：紫紅色半重瓣堇型花。
葉型：中綠色普通型斑葉。

育種：G. McDonald
花型：白色半重瓣堇型花，綑上綠色花邊。
葉型：中綠色鋸齒邊心型葉。

育種：H. Pittman　AVSA註冊編號：6025
花型：粉紅色半重瓣堇型花。
葉型：中綠色普通型斑葉。

育種：R. Robinson　　AVSA註冊編號：7174
花型：紫色半重瓣堇型花。
葉型：中綠色欖核型皇冠斑葉。

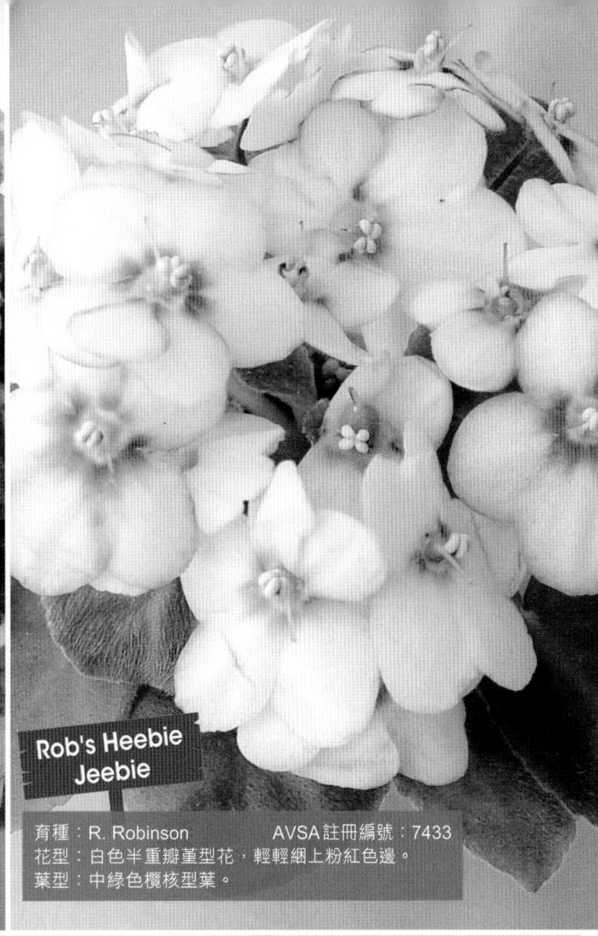

育種：R. Robinson　　AVSA註冊編號：7433
花型：白色半重瓣堇型花，輕輕綑上粉紅色邊。
葉型：中綠色欖核型葉。

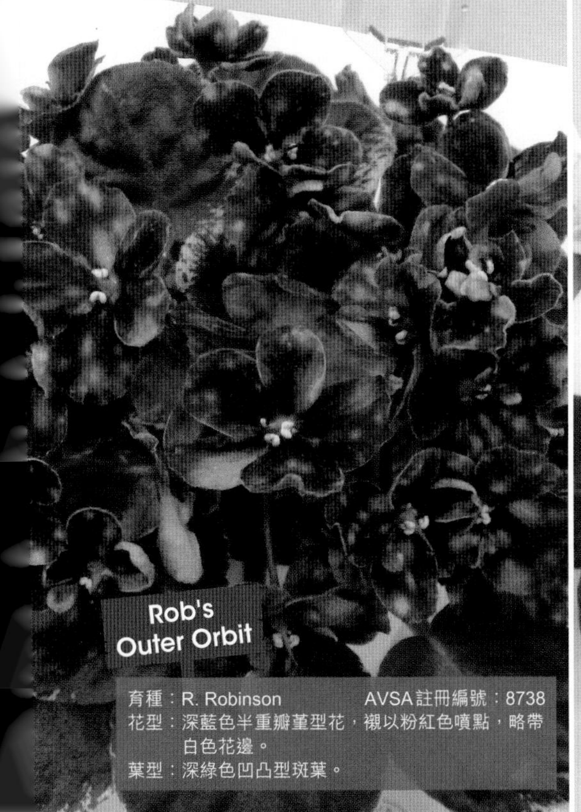

育種：R. Robinson　　AVSA註冊編號：8738
花型：深藍色半重瓣堇型花，襯以粉紅色噴點，略帶白色花邊。
葉型：深綠色凹凸型斑葉。

育種：S. Sorano　　AVSA註冊編號：8279
花型：淺紫色半重瓣堇型花，綑上寬闊白色花邊。
葉型：深綠色普通型葉，葉背紅色。

育種：R. Robinson　AVSA註冊編號：9466
花型：白色半重瓣星型花，襯粉紅色指模印畫。
葉型：中綠色普通型皇冠斑葉。

育種：R. Robinson　AVSA註冊編號：7882
花型：淺粉紅色半重瓣網邊堇型花，略帶粉紅色花邊。
葉型：深綠色欖核型皇冠斑葉。

育種：R. Robinson　AVSA註冊編號：7888
花型：粉紅色半重瓣堇型花，綑深粉紅及綠色花邊，並帶有紫藍色噴點。
葉型：中綠色普通型葉。

育種：Pau; Sorano
花型：半重瓣白色星型花，襯上紫色和綠色圍邊。
葉型：中綠色鋸齒邊波浪葉

育種：H. Pittman　AVSA註冊編號：4693
花型：白紫色重瓣縐邊花，綑上綠色花邊。
葉型：中綠色鋸齒邊波浪型葉。

Little Axel

育種：Anthoflores
花型：紫藍色半重瓣堇型花，襯白色花蕊。
葉型：中綠色普通型葉。

Thunder Surprise

育種：S. Sanders　AVSA註冊編號：9024
花型：白色重瓣星型花，淺藍色花蕊，突顯綠色花邊。
葉型：中綠色普通型葉。

Tiny Dancer

育種：D. Hoover　AVSA註冊編號：9414
花型：粉紅色重瓣堇型花，細白色花邊。
葉型：中綠色欖核型斑葉。

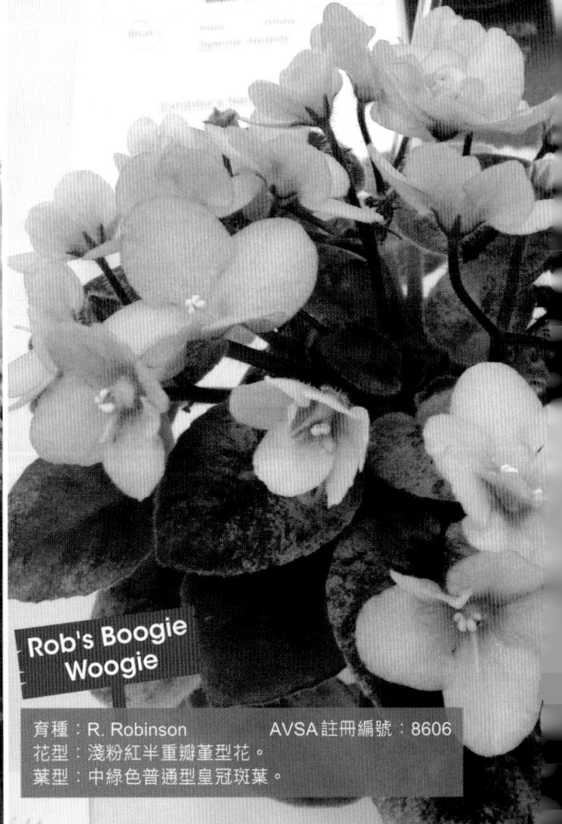

Rob's Boogie Woogie

育種：R. Robinson　AVSA註冊編號：8606
花型：淺粉紅半重瓣堇型花。
葉型：中綠色普通型皇冠斑葉。

Rob's Pogo Stick

育種：R. Robinson　　AVSA註冊編號：9397
花型：白色半重瓣堇型花，襯以淺紅色花邊。
葉型：中綠色普通型皇冠斑葉。

Rob's Slap Happy

育種：R. Robinson　　AVSA註冊編號：9040
花型：珊瑚紅半重瓣堇型花。
葉型：深綠色鋸齒邊普通型皇冠斑葉。

標準型 Standard

葉面幅度達20厘米或以上的植株，皆屬標準型組別，適用10-12.5厘米的盆種植，這類型的植株，在外國的不同環境和氣候下，最大可種至76厘米以上，而筆者最大曾經種植過達61厘米的標準型品種，參加維園花卉展覽比賽，榮奪非洲紫羅蘭組冠軍。最值得留意就是近年發表的，屬標準型組別中的纖巧型，其葉面直徑只有20厘米左右，所佔種植面積較少，深受香港的種植者歡迎。

育種：P. Sorano
花型：淺黃色單瓣黃蜂星型花，波浪花邊，深黃色花蕊。
葉型：中綠色鋸齒邊普通型葉，凹凸形葉脈。

育種：D. Harrington　AVSA註冊編號：7792
花型：半重瓣深粉紅色堇型花，細上綠色縐邊。
葉型：中綠色波浪型葉。

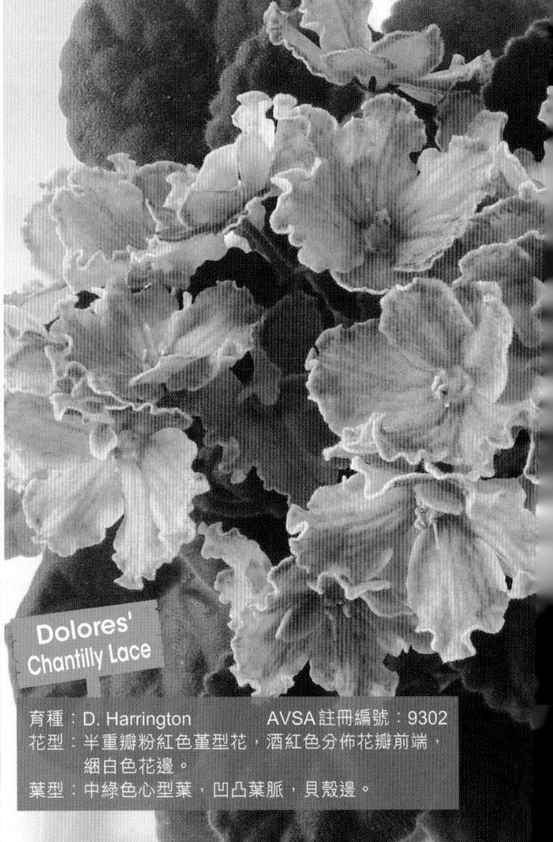

育種：D. Harrington　AVSA註冊編號：9302
花型：半重瓣粉紅色堇型花，酒紅色分佈花瓣前端，細白色花邊。
葉型：中綠色心型葉，凹凸葉脈，貝殼邊。

育種：A. Johansson
花型：單瓣鐘型花，淺粉紅色為主，深粉紅色中條放射紋，綑上綠色花邊。
葉型：中綠色波浪型葉。

育種：K. Sorano　AVSA註冊編號：9931
花型：淺粉紅色重瓣縐邊星型花，淺藍色噴點，綑上淺紫色邊。
葉型：深綠色卵型葉，凹凸葉脈，葉背紅色。

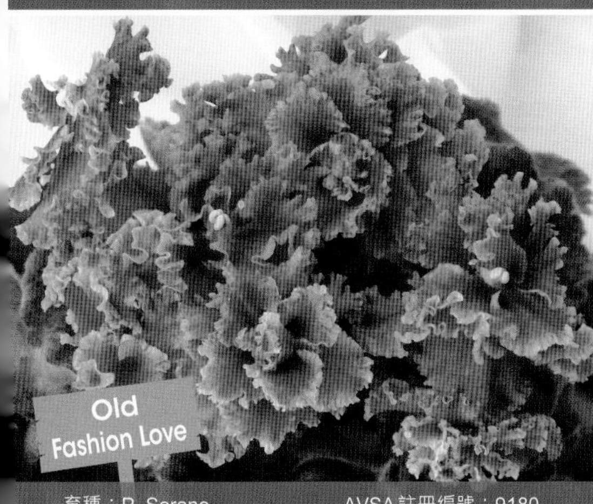

育種：P. Sorano　AVSA註冊編號：9180
花型：桃紅色重瓣星型花，襯以淺紅色邊。
葉型：深綠色鋸齒邊斑葉。

育種：Lebetskaia
花型：半重瓣粉紅色縐邊星型花，花瓣呈放射條紋，輕暈綠色圍邊。
葉型：深綠色波浪型葉。

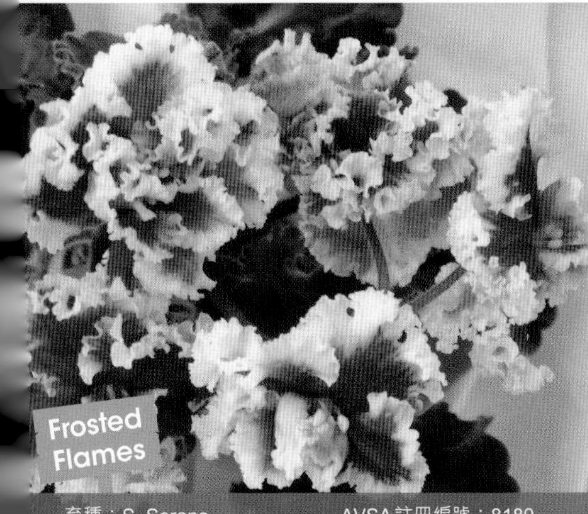

育種：S. Sorano　AVSA註冊編號：8189
花型：半重瓣紫紅色星型花，寬闊白色縐邊，再綑上綠色。
葉型：深綠色波浪型葉，凹凸葉脈，葉背紅色。

育種：Pat Hancock
花型：半重瓣白色縐邊堇型花，綑上綠色花邊。
葉型：中綠色波浪型斑葉。

育種：Cox
花型：淺黃色重瓣綢邊星型花，襯以綠色花邊。
葉型：中綠色波浪型葉。

育種：S. Sorano
花型：淺黃色半重瓣星型花。
葉型：中綠色心型葉。

育種：S. Sorano
花型：白色重瓣綢邊堇型花，綑以綠色及紫紅色花邊。
葉型：中綠色凹凸葉脈型葉。

育種：S. Repkina　AVSA註冊編號：10289
花型：半重瓣白色配粉紅色指模印畫星型花，並襯以淺藍色夢幻噴點。
葉型：深綠色貝殼邊卵型葉。

育種：Korshunova
花型：重瓣綢邊淺紫藍色星型花，襯以紫色圍邊。
葉型：中綠色普通型葉。

育種：P. Sorano　AVSA註冊編號：10234
花型：半重瓣淺紫紅色綢邊堇型花，襯以深紫紅闊大花邊。
葉型：中綠色凹凸葉脈型葉。

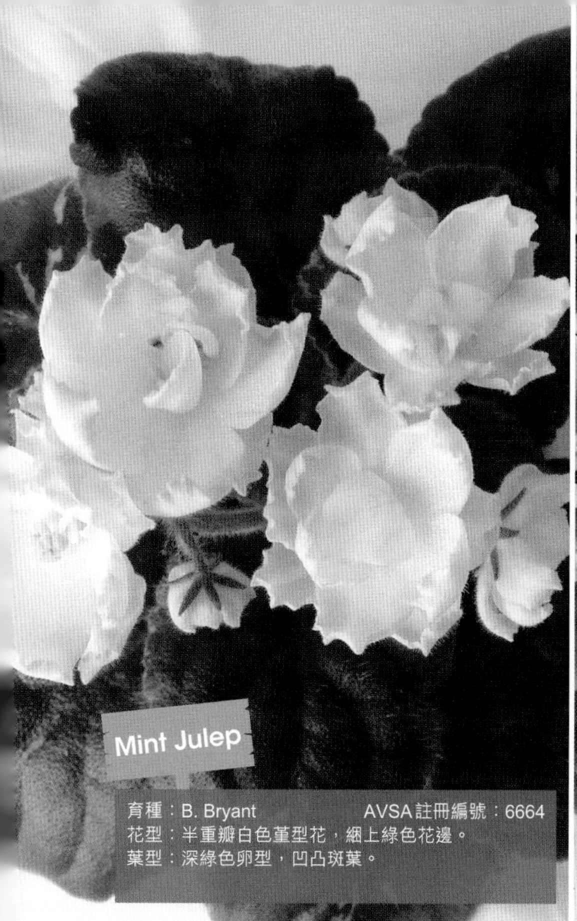

育種：B. Bryant　AVSA註冊編號：6664
花型：半重瓣白色堇型花，綑上綠色花邊。
葉型：深綠色卵型，凹凸斑葉。

育種：P. Sorano　AVSA註冊編號：9918
花型：粉紅色重瓣星型花，淺藍色夢幻噴點，寬闊淺粉紅綴邊。
葉型：中綠色普通型葉，凹凸形葉脈。

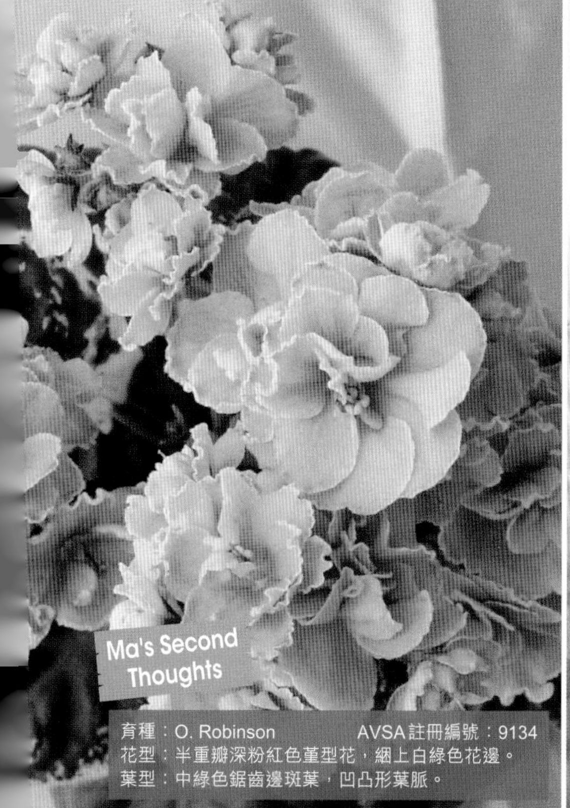

育種：O. Robinson　AVSA註冊編號：9134
花型：半重瓣深粉紅色堇型花，綑上白綠色花邊。
葉型：中綠色鋸齒邊斑葉，凹凸形葉脈。

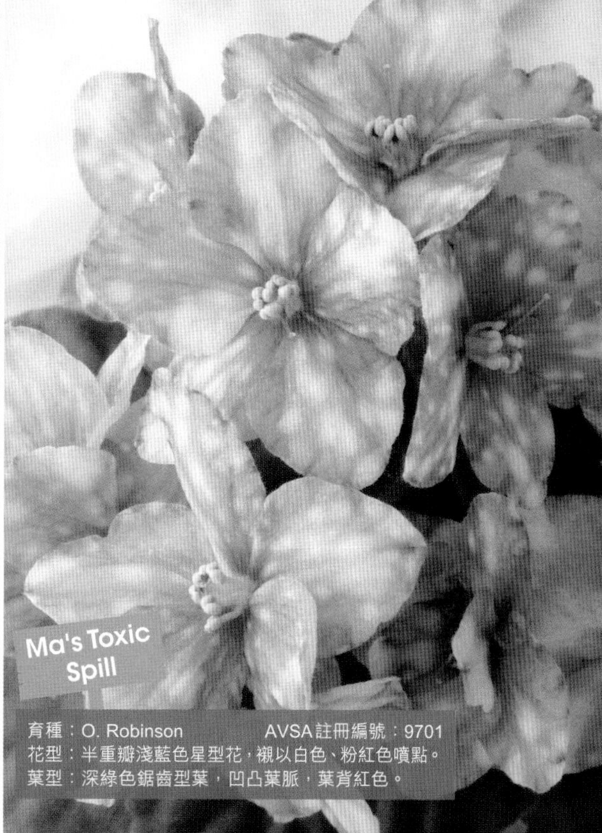

育種：O. Robinson　AVSA註冊編號：9701
花型：半重瓣淺藍色星型花，襯以白色、粉紅色噴點。
葉型：深綠色鋸齒型葉，凹凸葉脈，葉背紅色。

Green Horizon

育種：P. Sorano　　　　　AVSA註冊編號：10225
花型：白色重瓣星型花，綑上寬闊綠色花邊。
葉型：中綠色鋸齒邊普通型葉。

EK Scarab

育種：Korshunova
花型：重瓣紫藍色星型花，濃密粉紅色噴點，綑上紫色花邊。
葉型：深綠色普通型斑葉。

育種：S. Sorano　　AVSA註冊編號：7594
花型：半重瓣淺粉紅色綯邊堇型花，淺紫紅色花蕊。
葉型：中綠色鋸齒邊波浪型斑葉。

育種：B. Makuni　　AVSA註冊編號：9636
花型：重瓣粉紅色綯邊星型花，襯以寬闊白綠色花邊。
葉型：中綠色卵型葉。

Sugar Plum Dream

育種：P. Sorano　　AVSA註冊編號：9201
花型：單瓣白色配紫紅色指模印畫堇型花。
葉型：中綠色普通型斑葉。

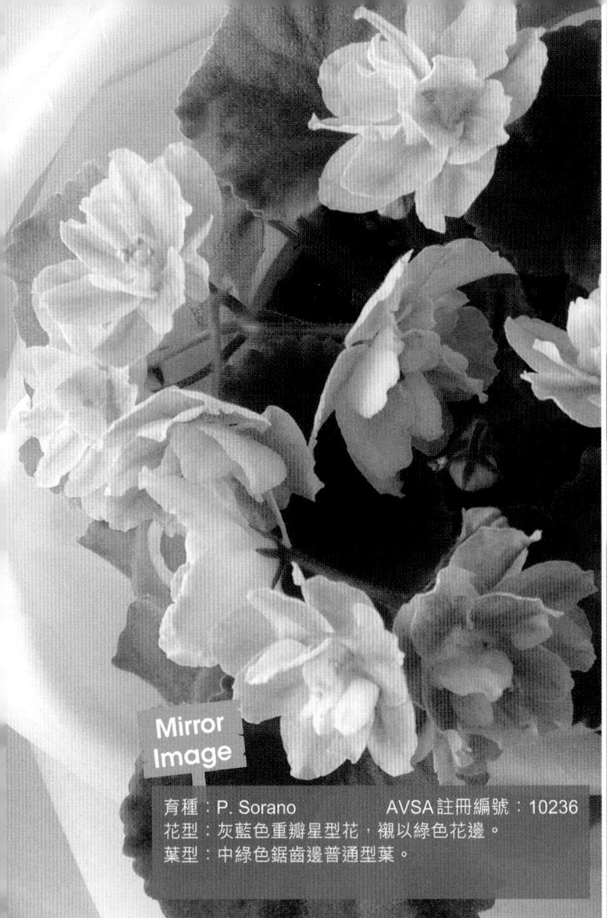

育種：P. Sorano　AVSA註冊編號：10236
花型：灰藍色重瓣星型花，襯以綠色花邊。
葉型：中綠色鋸齒邊普通型葉。

育種：S. Repkina　AVSA註冊編號：10287
花型：半重瓣白色配奶黃波浪邊星型花，襯以明顯綠色花邊。
葉型：深綠色貝殼邊卵型葉。

育種：P. Sorano　AVSA註冊編號：9942
花型：半重瓣粉紅色縐邊星型花，襯以藍色夢幻噴點。
葉型：中綠色凹凸葉脈斑葉。

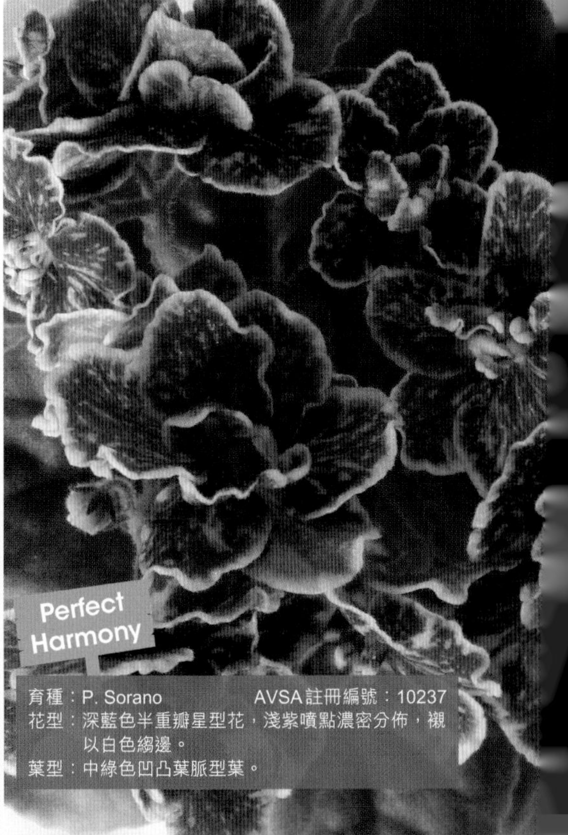

育種：P. Sorano　AVSA註冊編號：10237
花型：深藍色半重瓣星型花，淺紫噴點濃密分佈，襯以白色縐邊。
葉型：中綠色凹凸葉脈型葉。

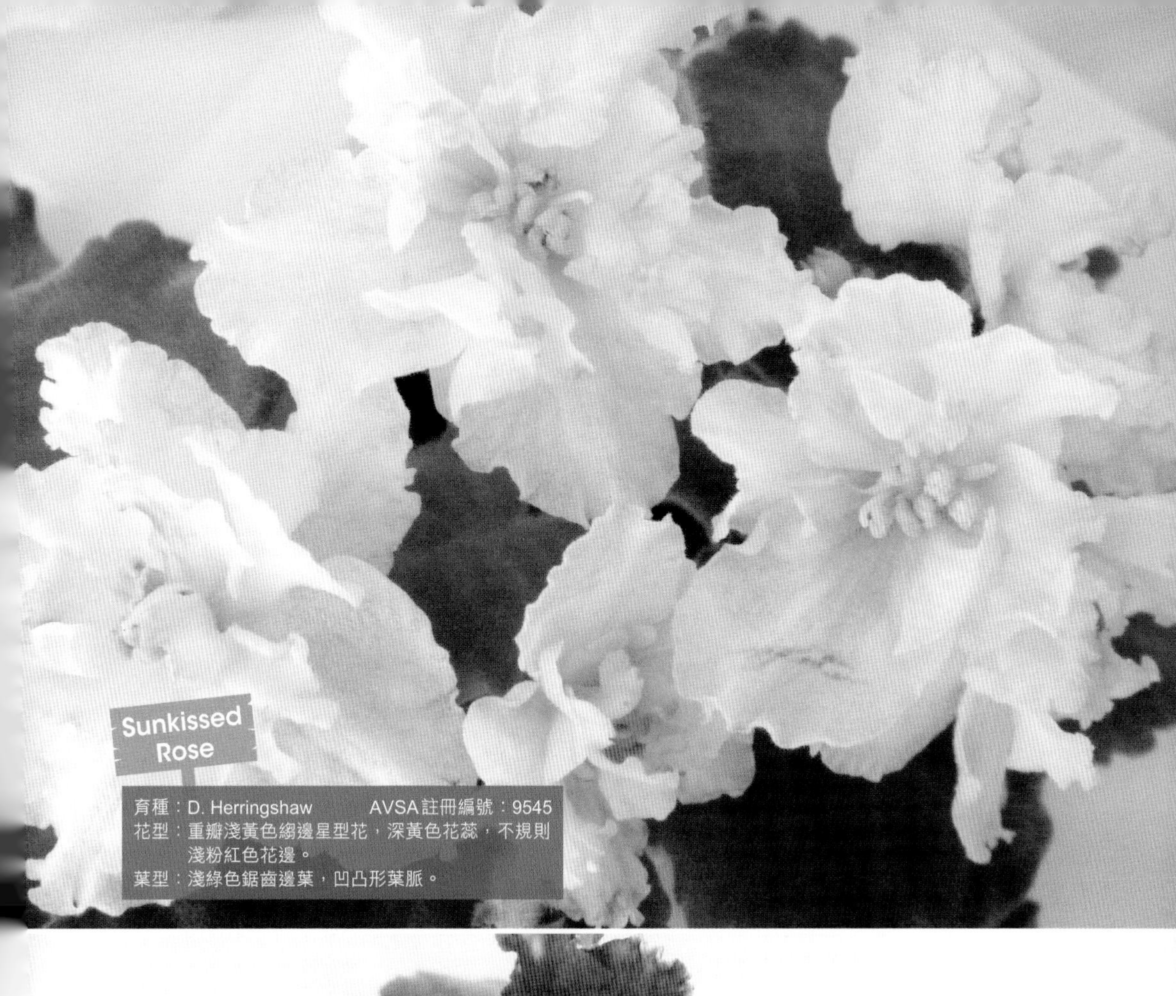

育種：D. Herringshaw　AVSA註冊編號：9545
花型：重瓣淺黃色縐邊星型花，深黃色花蕊，不規則淺粉紅色花邊。
葉型：淺綠色鋸齒邊葉，凹凸形葉脈。

育種：P. Sorano　AVSA註冊編號：10417
花型：半重瓣紫紅色縐邊堇型花，夢幻淺粉紅噴點，輕輕白色圍邊。
葉型：深綠色鋸齒邊普通型葉。

懸垂型 Trailer

懸垂品種的根部比較淺，由於主莖生長快速，腋芽會不斷向橫蔓延，產生多個 生長點，慢慢地覆蓋整個盆面，因此適用的種植盆，要以矮身闊面為主，盆面最少有20厘米直徑，讓葉幹伸懸至盆邊，造成懸垂效果，亦可用吊盆種植，更能特顯出搖曳生姿的懸垂美態。

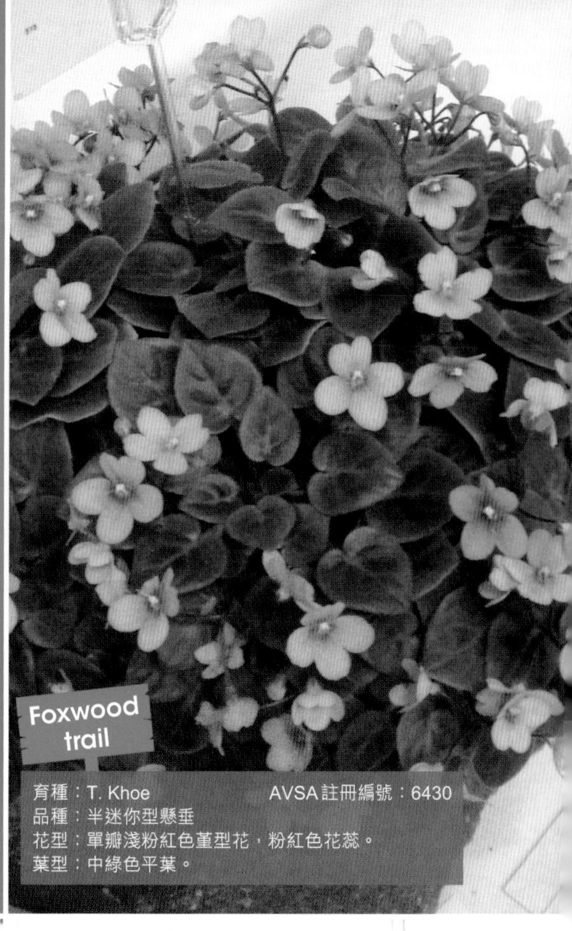

育種：T. Khoe　AVSA註冊編號：6430
品種：半迷你型懸垂
花型：單瓣淺粉紅色堇型花，粉紅色花蕊。
葉型：中綠色平葉。

育種：R. Brenton
品種：半迷你型懸垂
花型：單瓣紫色堇型花。
葉型：中綠色少女型斑葉。

育種：R. Robinson　AVSA註冊編號：8063
品種：半迷你型懸垂
花型：半重瓣紫色配粉紅色堇型花，襯深藍色噴點。
葉型：中綠色凹凸葉脈型葉。

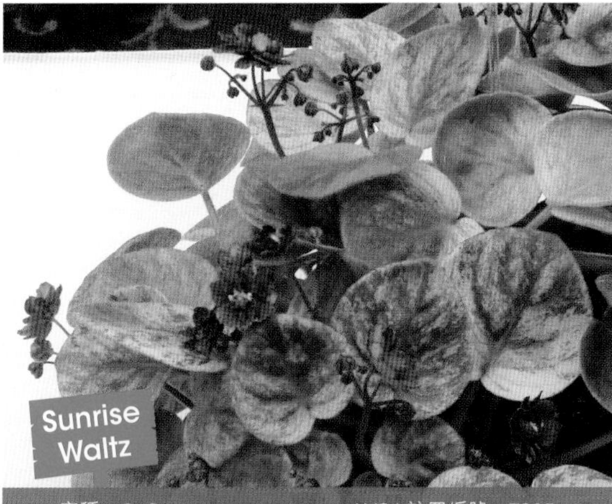

育種：S. Sorano　AVSA註冊編號：7995
品種：標準型懸垂
花型：重瓣紫紅色堇型花。
葉型：中綠色卵型皇冠斑葉。

育種：L. Lyon Greenhouses　AVSA註冊編號：2599
品種：迷你型懸垂
花型：單瓣淺粉紅色堇型花，襯以玫瑰紅花蕊。
葉型：中綠色卵型葉。

Cirelda

育種：P. Tracey　AVSA註冊編號：3620
品種：半迷你型懸垂
花型：重瓣陰陽粉紅色花。
葉型：中綠色欖核型葉，凹凸形葉脈。

縞花 Chimera

縞花又稱十字花，它吸引之處，在於花瓣上的條紋圖案，變化多端，由於具有兩種不同細胞基因，只能以腋芽或花莒來繁殖，增添培育上的難度，導致生產量不多，因而顯得特別珍貴。

育種：J. Norton　AVSA註冊編號：9673
品種：半迷你型
花型：單瓣鐘型十字花，深藍色邊條，白色中條。
葉型：深綠色鋸齒邊少女葉。

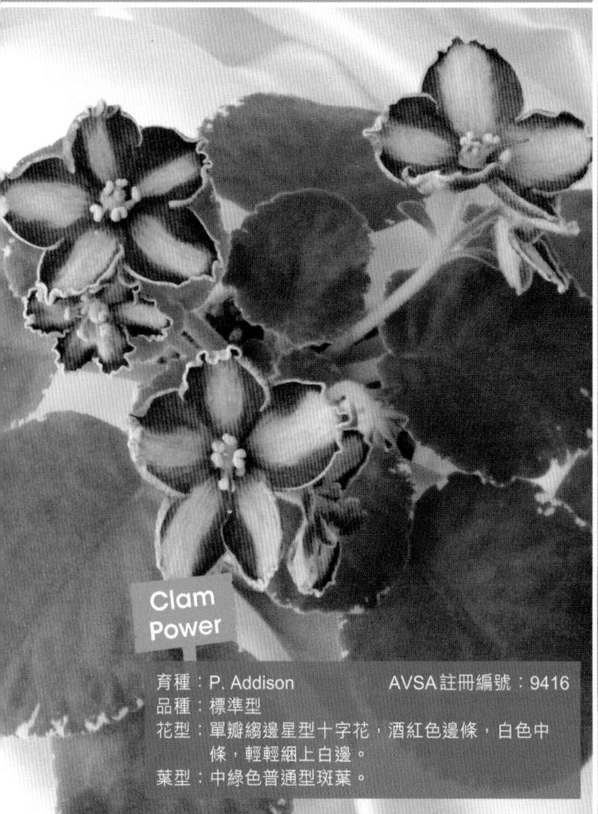

育種：P. Addison　AVSA註冊編號：9416
品種：標準型
花型：單瓣縐邊星型十字花，酒紅色邊條，白色中條，輕輕綑上白邊。
葉型：中綠色普通型斑葉。

育種：S. Sorano　AVSA註冊編號：8525
品種：標準型
花型：半重瓣星型十字花，紫紅色邊條，白色中條，綑上綠色花邊。
葉型：中綠色波浪型葉。

育種：C. Cornibe　AVSA註冊編號：8116
品種：半迷你型
花型：單瓣星型十字花，紫紅色邊條，淺粉紅色中條。
葉型：中綠色普通型斑葉，凹凸形葉脈。

育種：P. Sorano　AVSA註冊編號：10523
品種：半迷你型
花型：半重瓣堇型十字花，白色邊條，紫紅色中條。
葉型：中綠色心型葉。

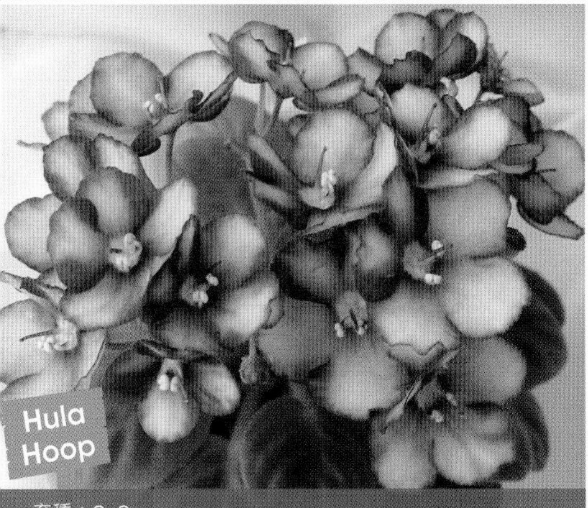

育種：S. Sorano
品種：迷你型
花型：半重瓣堇型十字花，紫藍色邊條，白色中條。
葉型：中綠色欖核型葉。

育種：G. McDonald
品種：半迷你型
花型：重瓣星型十字花，珊瑚紅邊條，白色中條。
葉型：中綠色鋸齒邊波浪型葉。

育種：P. Sorano
品種：半迷你型
花型：單瓣堇型十字花，白色邊條，藍色中條，少量白色噴點。
葉型：深綠色普通型斑葉。

育種：P. Sorano　AVSA註冊編號：9929
品種：半迷你型
花型：半重瓣綢邊堇型十字花，白色邊條，藍色中條，輕輕細上綠邊。
葉型：中綠色卵型葉。

育種：S. Sorano
品種：半迷你型
花型：重瓣星型十字花，白色邊條，紅色中條。
葉型：中綠色普通型斑葉。

育種：P. Sorano　AVSA註冊編號：10224
品種：半迷你型
花型：半重瓣堇型十字花，粉紅色邊條，淺藍色中條。
葉型：深綠色斑葉，凹凸形葉脈。

育種：D. Ness　AVSA註冊編號：7647
品種：半迷你型
花型：單瓣堇型十字花，淺紫紅色中條，白色邊條。
葉型：中綠色普通型葉。

育種：F. Wagman/R. Robinson　AVSA註冊編號：9087
品種：半迷你型
花型：單瓣堇型十字花，白色邊條，紫藍色中條。
葉型：深綠色普通型葉。

育種：G. McDonald
品種：半迷你型
花型：重瓣縐邊堇型十字花，紅色邊條，白色中條，細淺紅色幼邊。
葉型：深綠色普通型斑葉。

育種：P. Sorano　AVSA註冊編號：9541
品種：半迷你型
花型：重瓣縐邊堇型十字花，深粉紅色邊條，淺藍色中條，襯藍色夢幻噴點。
葉型：深綠色普通型葉，凹凸形葉脈。

Sora Pink Clouds

育種：B. Werness　　AVSA註冊編號：9208
品種：標準型
花型：半重瓣堇型十字花，粉紅色邊條，白色中條。
葉型：中綠色鋸齒邊普通型葉。

Zin's Even

育種：S.Z. Lin　　AVSA註冊編號：9405
品種：標準型
花型：半重瓣堇型十字花，紫紅色邊條，白色中條，綑上白色幼邊。
葉型：中綠色貝殼邊波浪型皇冠斑葉。

育種：Eyerdom　AVSA註冊編號：7042
品種：標準型
花型：單瓣星型十字花，粉紅色邊條，白色中條。
葉型：中綠色鋸齒邊橄核型葉。

育種：J. Cheung　AVSA註冊編號：10008
品種：標準型
花型：單瓣黃蜂十字花，白色邊條，淺酒紅色中條。
葉型：中綠色細長型葉。

育種：H. Eyerdom　AVSA註冊編號：7287
品種：標準型
花型：單瓣星型十字花，粉紅色邊條，紫藍色中條，襯藍色噴點。
葉型：中綠色鋸齒邊橄核型葉，凹凸形葉脈，葉底紅色。

育種：O. Robinson　AVSA註冊編號：9695
品種：標準型
花型：半重瓣堇型十字花，粉紅色邊條，淺紫藍色中條，襯藍色噴點。
葉型：中綠色普通型斑葉，凹凸形葉脈。

育種：R. Robinson　AVSA註冊編號：7033
品種：迷你型
花型：重瓣星型十字花，粉紅色邊條，藍色中條。
葉型：深綠色少女葉，葉底紅色。

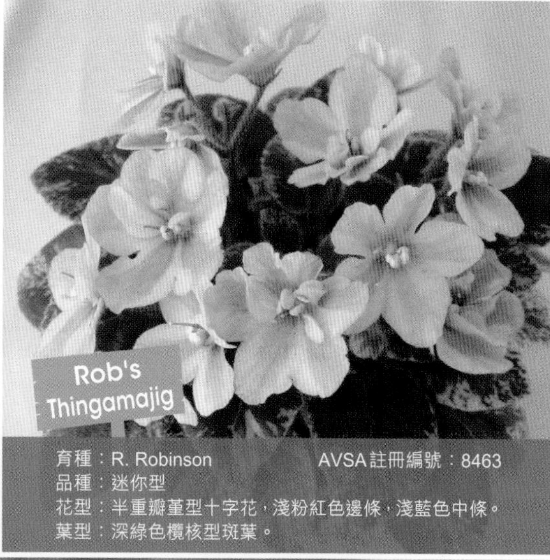

育種：R. Robinson　AVSA註冊編號：8463
品種：迷你型
花型：半重瓣堇型十字花，淺粉紅色邊條，淺藍色中條。
葉型：深綠色欖核型斑葉。

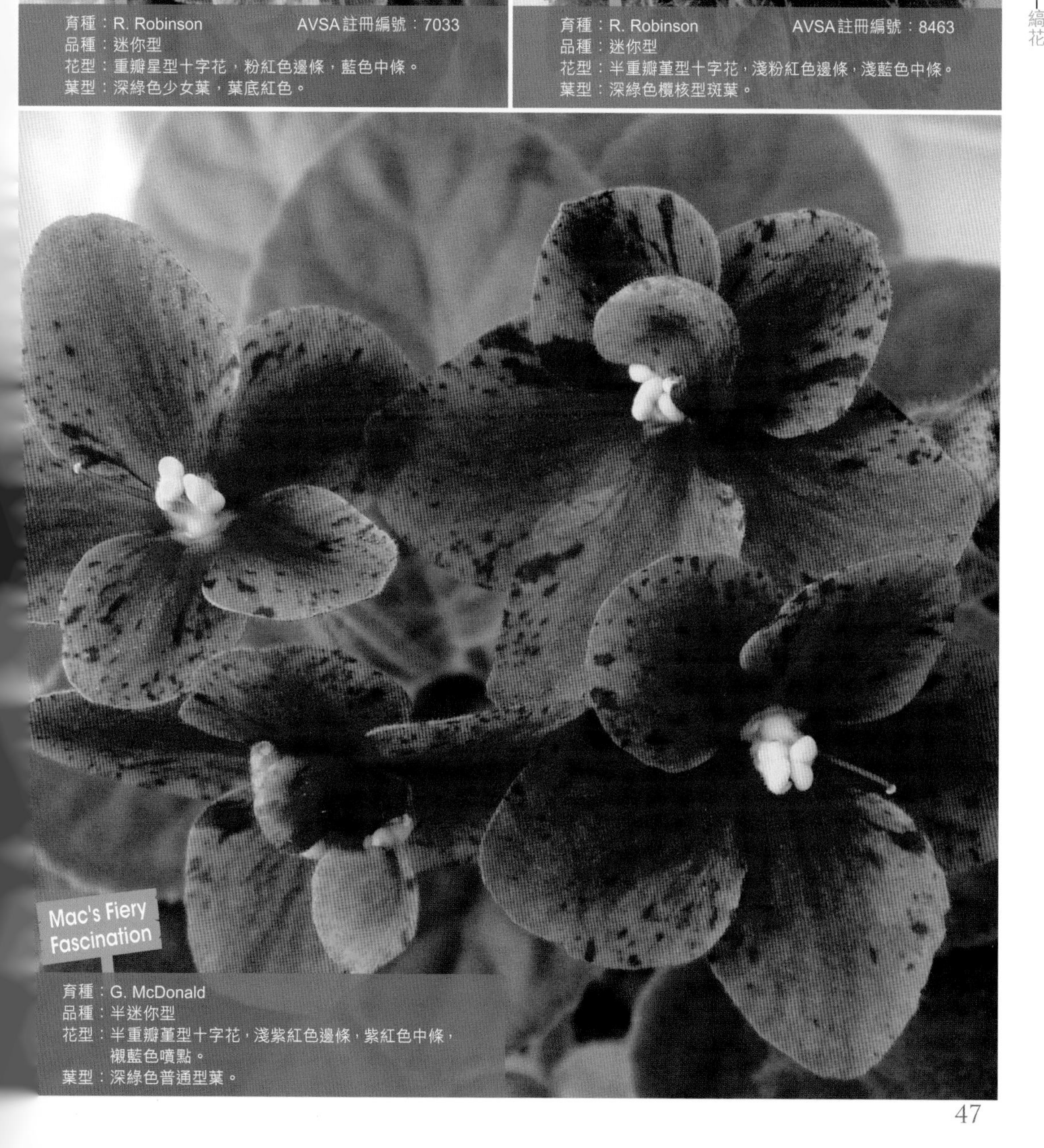

育種：G. McDonald
品種：半迷你型
花型：半重瓣堇型十字花，淺紫紅色邊條，紫紅色中條，
襯藍色噴點。
葉型：深綠色普通型葉。

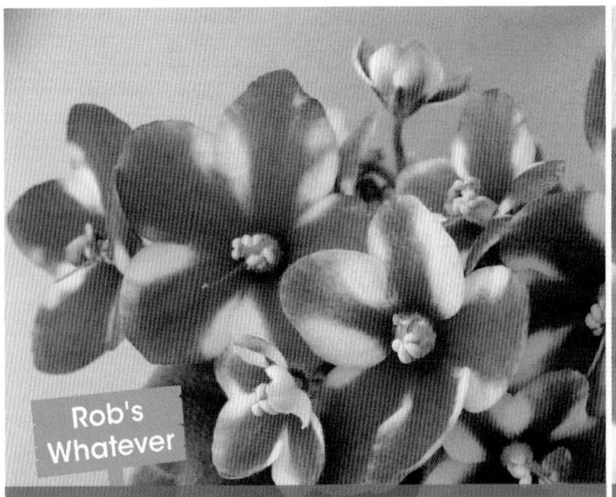

育種：R. Robinson　AVSA註冊編號：7567
品種：半迷你型
花型：半重瓣堇型十字花，白色邊條，紫紅色中條。
葉型：深綠色鋸齒邊橄核型葉，凹凸形葉脈，葉底紅色。

育種：P. Sorano　AVSA註冊編號：9204
品種：半迷你型
花型：半重瓣縐邊星型十字花，紫紅色邊條，白色中條。
葉型：中綠色普通型斑葉。

育種：S. Sorano
品種：標準型
花型：重瓣星型十字花，粉紅色邊條，白色中條，細綠色縐邊。
葉型：中綠色波浪型葉。

育種：P. Sorano　AVSA註冊編號：10222
品種：標準型
花型：半重瓣縐邊星型十字花，淺紫色邊條，深紫色中條。
葉型：深綠色凹凸葉脈型葉。

育種：P. Sorano
品種：標準型
花型：重瓣縐邊星型十字花，粉紅色邊條，白色中條，襯以藍色夢幻噴點。
葉型：中綠色凹凸葉脈型葉。

育種：S. Sorano
品種：標準型
花型：重瓣縐邊星型十字花，淺粉紅色邊條，紅色中條，襯紅色噴點。
葉型：深綠色普通型斑葉。

Sketches
育種：S. Sorano AVSA註冊編號：8556
品種：標準型
花型：單瓣縐邊堇型十字花，淺粉紅色邊條，深粉紅色中條，襯淺藍色噴點。
葉型：深綠色鋸齒邊普通型葉。

Solitaire
育種：S. Sorano
品種：標準型
花型：單瓣縐邊堇型十字花，白色邊條，紫色中條。
葉型：深綠色鋸齒邊普通型葉。

育種：O. Robinson　AVSA註冊編號：9297
品種：標準型
花型：半重瓣星型十字花，白色邊條，紫色中條。
葉型：深綠色鋸齒邊橄核型斑葉，凹凸形葉脈。

育種：Eyerdom　AVSA註冊編號：5825
品種：標準型
花型：單瓣星型十字花，白色邊條，紫藍色中條。
葉型：淺綠色普通型葉，凹凸形葉脈。

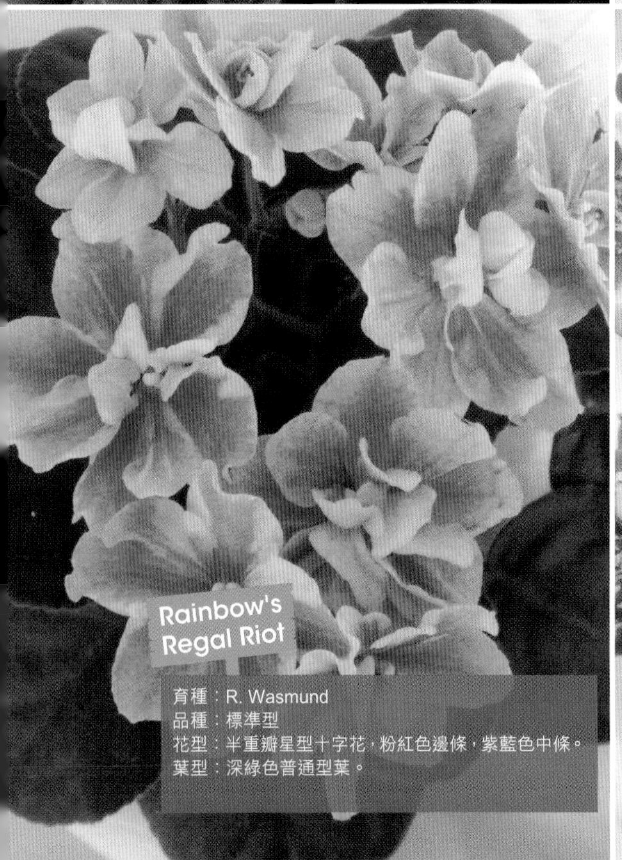

育種：R. Wasmund
品種：標準型
花型：半重瓣星型十字花，粉紅色邊條，紫藍色中條。
葉型：深綠色普通型葉。

育種：P. Sorano　AVSA註冊編號：10248
品種：標準型
花型：單瓣縐邊星型十字花，淺粉紅色邊條，白色中條，花兒完整綑上粉紅色邊。
葉型：中綠色卵型斑葉，凹凸形葉脈。

育種：T. Brekel　AVSA註冊編號：9067
品種：標準型
花型：重瓣綴邊星型十字花，白色邊條，淺藍色中條。
葉型：深綠色凹凸葉脈型葉。

育種：Valley Violets
品種：標準型
花型：單瓣堇型十字花，紅色邊條，白色中條。
葉型：中綠色普通型葉。

育種：F. Wayman　AVSA註冊編號：9027
品種：半迷你型
花型：單瓣堇型十字花，紅色邊條，白色中條。
葉型：中綠色普通型葉。

育種：O. Robinson
品種：標準型
花型：單瓣星型十字花，紫色邊條，白色中條。
葉型：淺綠色普通型斑葉。

育種：P. Sorano　　AVSA註冊編號：9169
品種：標準型
花型：單瓣縐邊星型十字花，紫色邊條，淺紫白色中條。
葉型：中綠色波浪型斑葉。

育種：P. Sorano
品種：標準型
花型：半重瓣堇型十字花，淺粉紅配白色邊條，紫粉紅色中條，襯藍色噴點。
葉型：深綠色波浪型葉。

育種：P. Sorano　　AVSA註冊編號：10532
品種：標準型
花型：半重瓣星型十字花，珊瑚紅邊條，紫色中條。
葉型：中綠色普通型葉。

育種：P. Sorano　　AVSA註冊編號：9525
品種：標準型
花型：單瓣堇型十字花，粉紅色邊條，藍色中條，帶藍色噴點。
葉型：深綠色普通型斑葉，凹凸形葉脈。

育種：O. Robinson　　AVSA註冊編號：9380
品種：標準型
花型：半重瓣星型十字花，粉紅色邊條，淺藍色中條，襯粉紅色噴點。
葉型：深綠色鋸齒邊欖核型斑葉。

育種：S. Sorano
品種：標準型
花型：單瓣堇型十字花，淺粉紅色邊條，淺紫色中條。
葉型：中綠色普通型斑葉。

育種：D. Ness
品種：標準型
花型：半重瓣縐邊堇型十字花，紅色邊條，白色中條。
葉型：中綠色凹凸葉脈型葉。

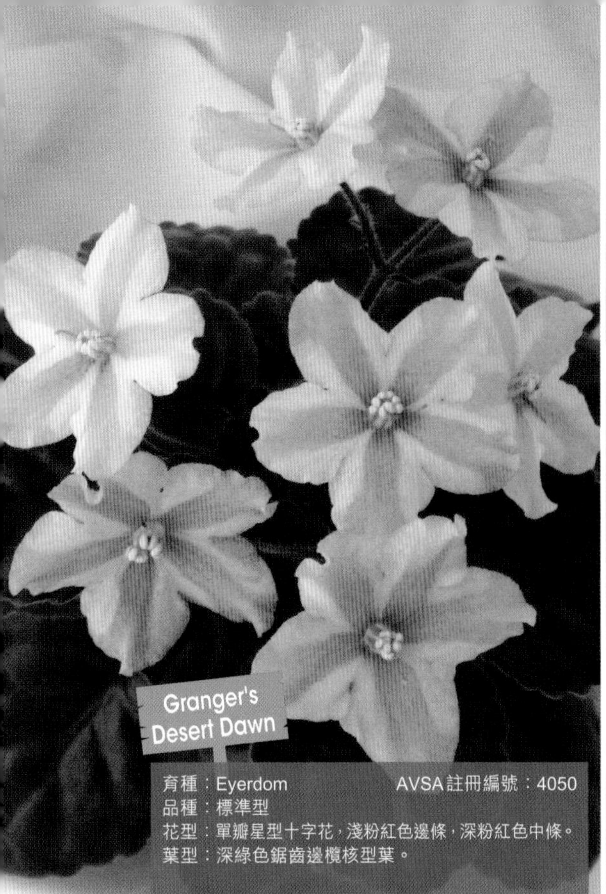

育種：Eyerdom　AVSA註冊編號：4050
品種：標準型
花型：單瓣星型十字花，淺粉紅色邊條，深粉紅色中條。
葉型：深綠色鋸齒邊欖核型葉。

育種：A. Widell
品種：半迷你型
花型：單瓣星型十字花，淺粉紅色邊條，淺紫色中條，襯以藍色噴點。
葉型：中綠色普通型葉。

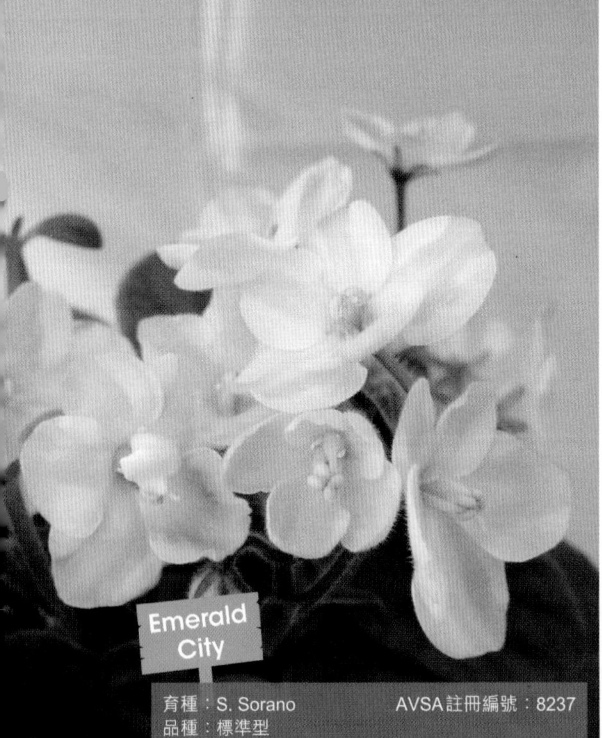

育種：S. Sorano　AVSA註冊編號：8237
品種：標準型
花型：單瓣堇型十字花，白色邊條，綠色中條。
葉型：中綠色普通型葉。

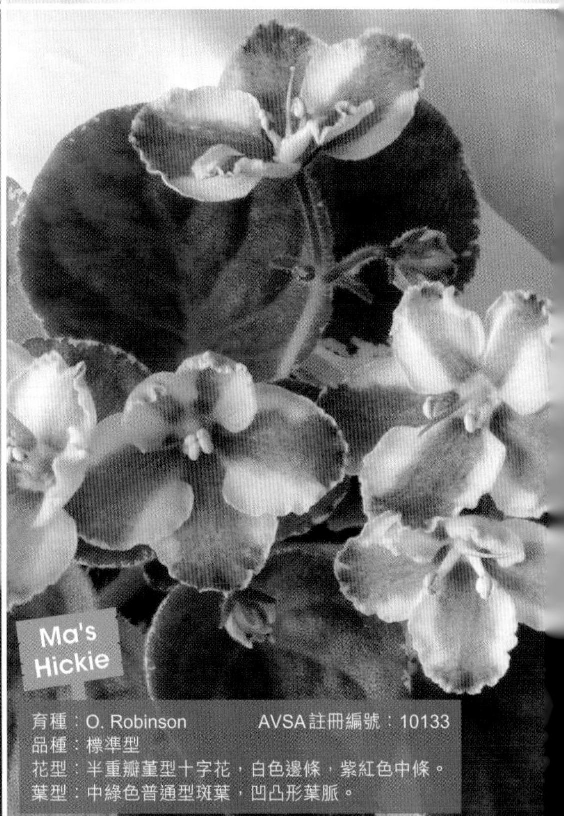

育種：O. Robinson　AVSA註冊編號：10133
品種：標準型
花型：半重瓣堇型十字花，白色邊條，紫紅色中條。
葉型：中綠色普通型斑葉，凹凸形葉脈。

育種：O. Robinson　　AVSA註冊編號：9693
品種：標準型
花型：半重瓣縐邊堇型十字花，紫藍色邊條，白色中條，綑上綠色幼邊。
葉型：中綠色斑葉，凹凸形葉脈。

育種：O. Robinson
品種：標準型
花型：單瓣堇型十字花，白色邊條，淺紫色中條。
葉型：淺綠色普通型斑葉。

育種：T. Davis
品種：標準型
花型：單瓣星型十字花，淺粉紅色邊條，深粉紅色中條，襯深粉紅色闊鑲邊。
葉型：中綠色欖核型葉。

育種：O. Robinson　AVSA註冊編號：9696
品種：標準型
花型：半重瓣星型十字花，淺粉紅色邊條，白色中條。
葉型：中綠色鋸齒邊欖核型斑葉。

育種：O. Robinson　AVSA註冊編號：9697
品種：標準型
花型：重瓣堇型十字花，粉紅色邊條，紫藍色中條。
葉型：深綠色斑葉，凹凸形葉脈，葉底紅色。

育種：P. Sorano　AVSA註冊編號：10540
品種：標準型
花型：重瓣星型十字花，白色邊條，藍色中條。
葉型：中綠色普通型葉。

育種：Eyerdom　AVSA註冊編號：6809
品種：標準型
花型：單瓣堇型十字花，粉紅色邊條，白色中條，襯藍色噴點。
葉型：中綠色欖核型葉，凹凸形葉脈。

育種：P. Sorano　AVSA註冊編號：9939
品種：標準型
花型：重瓣縐邊星型十字花，紫藍色邊條，白色中條。
葉型：中綠色卵型葉，凹凸形葉脈。

育種：J. Norton　AVSA註冊編號：9759
品種：標準型
花型：半重瓣縐邊星型十字花，粉紅色邊條，藍色中條。
葉型：中綠色普通型斑葉，凹凸形葉脈。

育種：Eyerdom　AVSA註冊編號：7846
品種：標準型
花型：單瓣星型十字花，深粉紅色邊條，白色中條，
　　　襯紫紅色噴點。
葉型：中綠色普通型葉。

育種：Eyerdom
品種：標準型
花型：單瓣星型十字花，紅色邊條，白色中條。
葉型：淺綠色普通型葉。

育種：P. Sorano　AVSA註冊編號：10412
品種：標準型
花型：單瓣縐邊堇型十字花，粉紅色邊條，白色中條。
葉型：中綠色普通型葉。

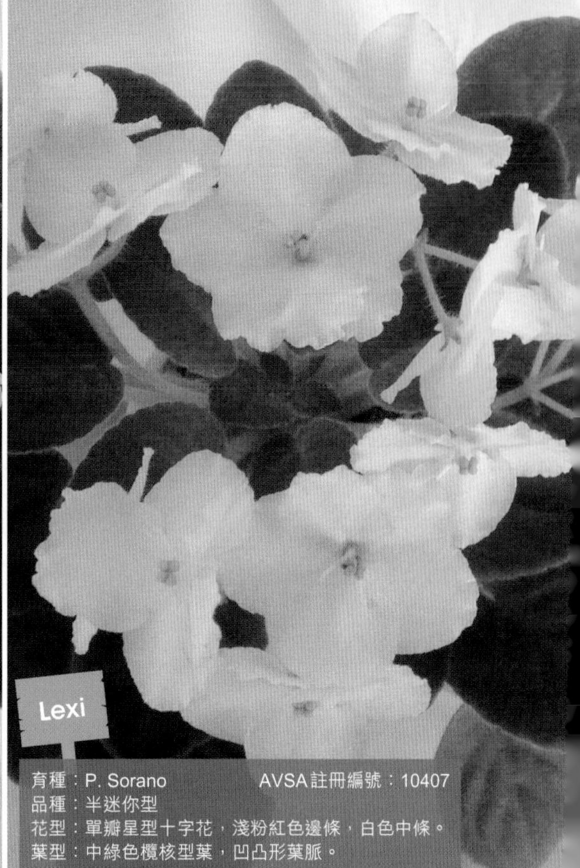

育種：P. Sorano　AVSA註冊編號：10407
品種：半迷你型
花型：單瓣星型十字花，淺粉紅色邊條，白色中條。
葉型：中綠色欖核型葉，凹凸形葉脈。

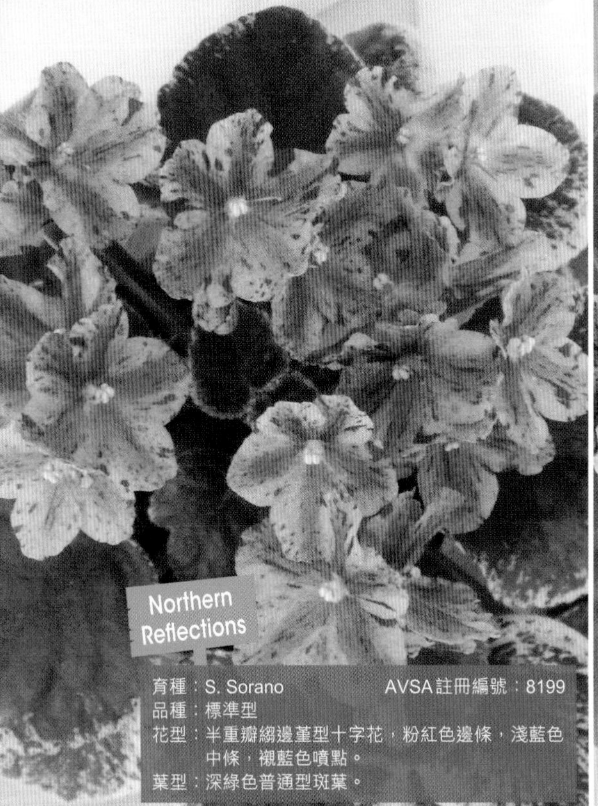

育種：S. Sorano　AVSA註冊編號：8199
品種：標準型
花型：半重瓣縐邊堇型十字花，粉紅色邊條，淺藍色中條，襯藍色噴點。
葉型：深綠色普通型斑葉。

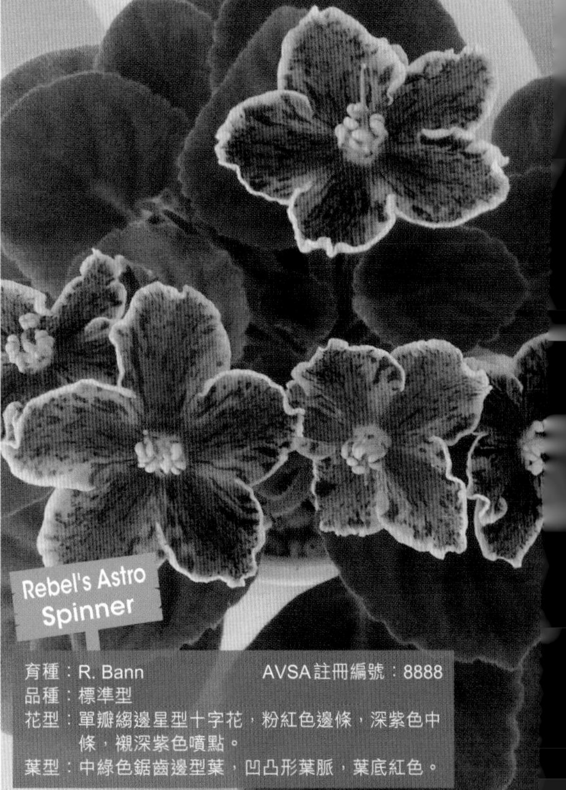

育種：R. Bann　AVSA註冊編號：8888
品種：標準型
花型：單瓣縐邊星型十字花，粉紅色邊條，深紫色中條，襯深紫色噴點。
葉型：中綠色鋸齒邊型葉，凹凸形葉脈，葉底紅色。

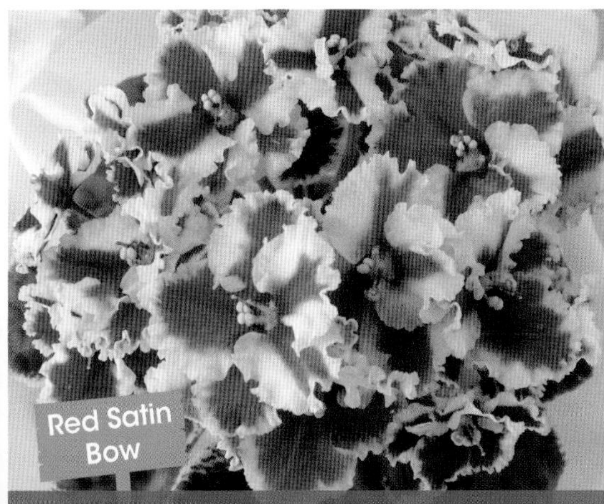

育種：S. Sorano
品種：標準型
花型：半重瓣縐邊堇型十字花，白色邊條，紫紅色中條。
葉型：中綠色普通型斑葉。

育種：S. Sorano
品種：標準型
花型：單瓣星型十字花，淺黃色邊條，藍色中條。
葉型：中綠色凹凸葉脈型葉。

育種：P. Sorano　AVSA註冊編號：10542
品種：標準型
花型：重瓣縐邊堇型十字花，紫色邊條，白色中條。
葉型：中綠色普通型葉。

育種：S. Sorano　AVSA註冊編號：8002
品種：標準型
花型：半重瓣縐邊堇型十字花，深紫色邊條，白色中條。
葉型：中綠色鋸齒邊欖核型斑葉，凹凸形葉脈。

育種：P. Sorano　AVSA註冊編號：10413
品種：標準型
花型：重瓣縐邊堇型十字花，粉紅色邊條，白色中條，襯以藍色噴點。
葉型：中綠色普通型葉。

育種：Eyerdom　AVSA註冊編號：6814
品種：標準型
花型：半重瓣堇型十字花，粉紅色邊條，藍色中條，襯藍色噴點。
葉型：深綠色欖核型葉，凹凸形葉脈，葉底紅色。

縞葉 Chimera Leaf

縞葉又稱十字葉，是歷史不算久的斑葉種類，最初被稱為縞葉品種的Rob's Lucky Penny 誕生於1997年，由於這斑葉擁有兩個不同細胞基因，要培育的話，只可以用腋芽繁殖法，如果用插葉繁殖，效果只會變回全綠色的葉子。縞葉的斑葉固然吸引，可惜一般花型和色調都屬普通，種植者會以賞葉為主，目前十字葉品種為數不多，只有幾個而已。

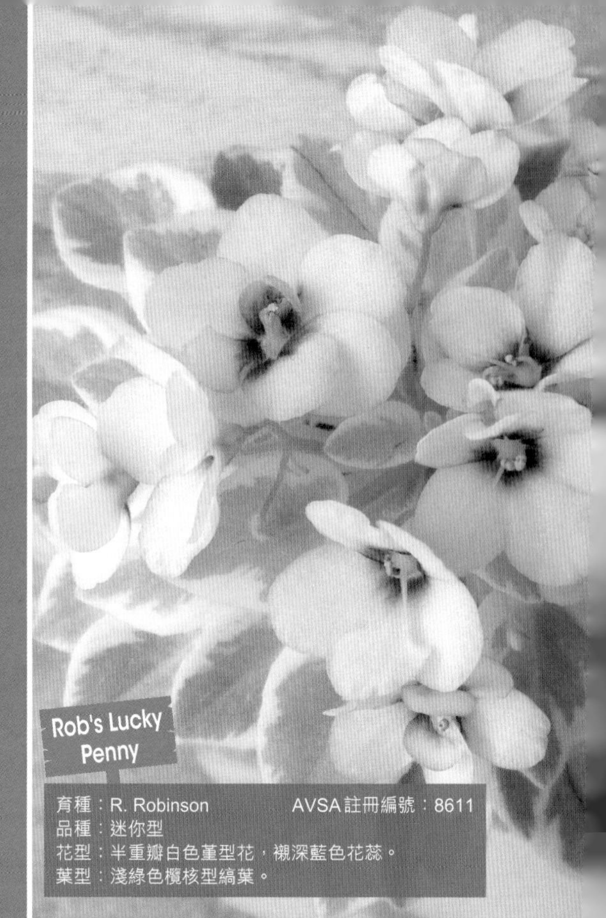

Rob's Lucky Penny

育種：R. Robinson　　AVSA註冊編號：8611
品種：迷你型
花型：半重瓣白色堇型花，襯深藍色花蕊。
葉型：淺綠色欖核型縞葉。

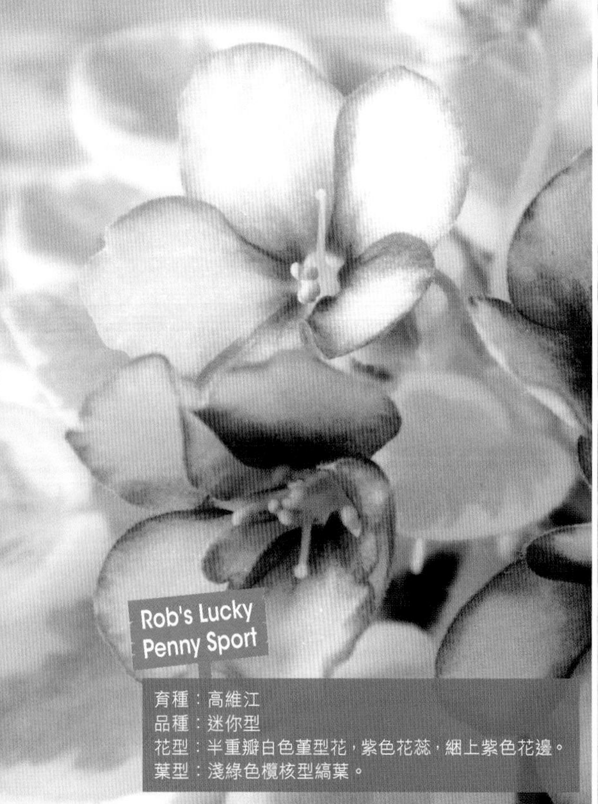

Rob's Lucky Penny Sport

育種：高維江
品種：迷你型
花型：半重瓣白色堇型花，紫色花蕊，綑上紫色花邊。
葉型：淺綠色欖核型縞葉。

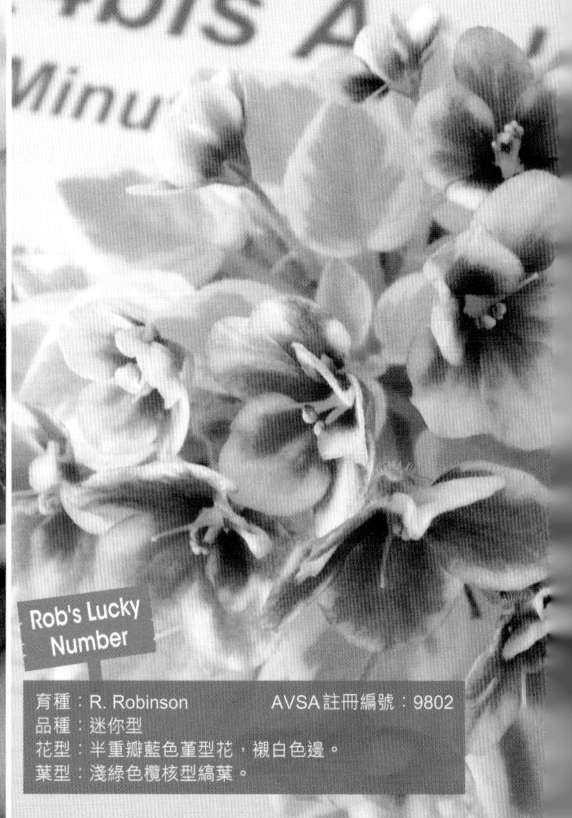

Rob's Lucky Number

育種：R. Robinson　　AVSA註冊編號：9802
品種：迷你型
花型：半重瓣藍色堇型花，襯白色邊。
葉型：淺綠色欖核型縞葉。

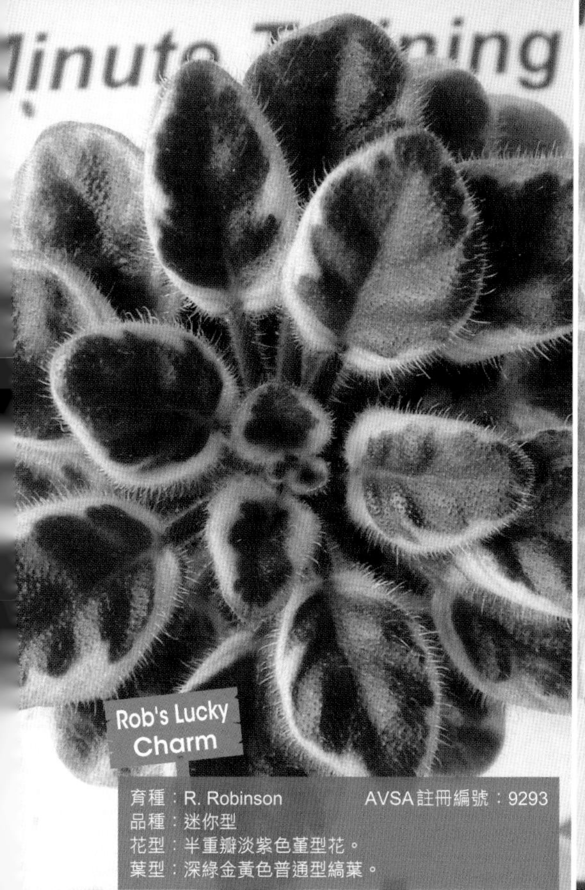

育種：R. Robinson　AVSA註冊編號：9293
品種：迷你型
花型：半重瓣淡紫色堇型花。
葉型：深綠金黃色普通型縞葉。

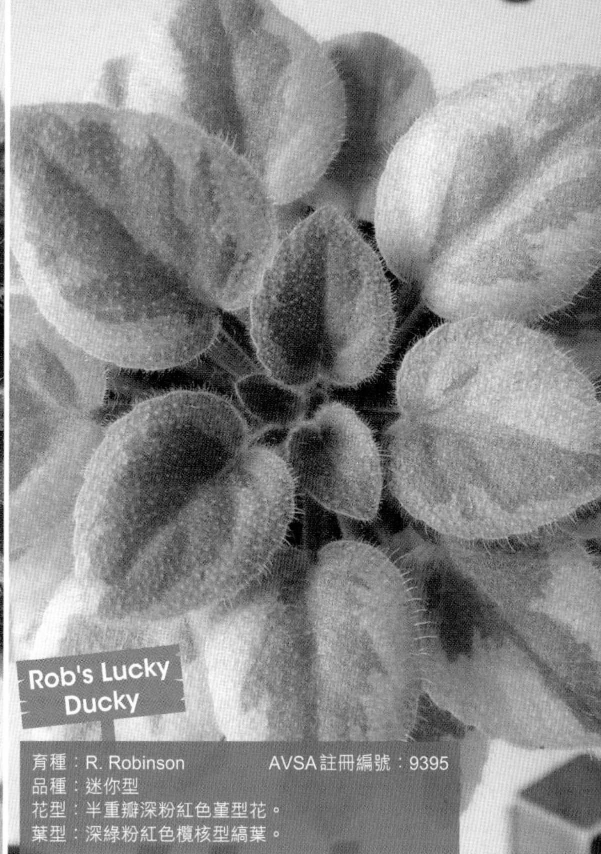

育種：R. Robinson　AVSA註冊編號：9395
品種：迷你型
花型：半重瓣深粉紅色堇型花。
葉型：深綠粉紅色欖核型縞葉。

育種：不詳
品種：標準型
花型：半重瓣藍色堇型花，白色花蕊。
葉型：深綠色普通型縞葉，分別有銀白、奶白和綠白色。

育種：高維江
品種：標準型
花型：單瓣粉紅色黃蜂花。
葉型：深綠色鋸齒邊，波浪型粉紅色縞葉，葉底紅色。

日本縞花 Japanese chimera

幾年前，一棵日本十字花Yukako風靡了歐、美、港、台，受到不少種植者的追捧。日本縞花大多來自大阪，由Flower Canyon門田豐彥繁殖，供應全國，不設郵購外銷，不加註冊，但品種優秀，花型標緻，花色吸引，深受各方愛戴，不少堇迷為求收集心頭好，專程遠赴日本尋找。可惜Flower Canyon 在年前已經結業，從此，日本縞花更是難以尋覓。

Hakata Doll

育種：中村浩二
品種：標準型
花型：單瓣堇型十字花，白色邊條，紫紅色中條。
葉型：中綠色普通型葉。

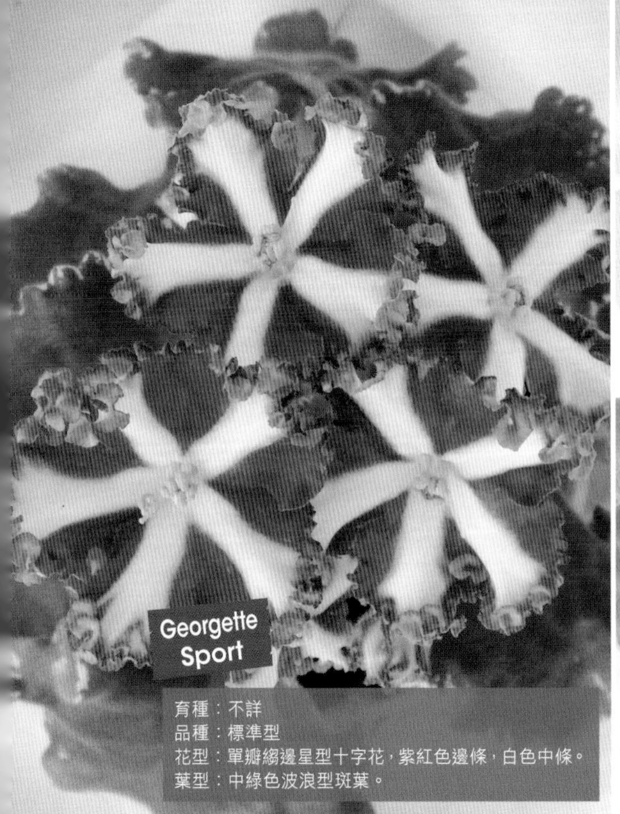

Georgette Sport

育種：不詳
品種：標準型
花型：單瓣縐邊星型十字花，紫紅色邊條，白色中條。
葉型：中綠色波浪型斑葉。

Polar Star

育種：不詳
品種：標準型
花型：單瓣縐邊星型十字花，紫紅色邊條，白色中條。
葉型：中綠色波浪型葉，凹凸形葉脈。

育種：不詳
品種：標準型
花型：半重瓣堇型十字花，淺紅色邊條，白色中條。
葉型：中綠色普通型斑葉，凹凸形葉脈。

育種：門田豐彥
品種：標準型
花型：半重瓣縐邊星型十字花，紫色邊條，白色中條。
葉型：中綠色普通型葉。

育種：不詳
品種：標準型
花型：單瓣堇型十字花，奶白色邊條，淺紫色中條。
葉型：深綠色鋸齒邊普通型葉。

育種：不詳
品種：標準型
花型：重瓣星型十字花，粉紅色邊條，白色中條，輕輕綑上綠邊。
葉型：中綠色波浪型斑葉。

育種：門田豐彥
品種：標準型
花型：重瓣縐邊堇型十字花，粉紅色邊條，白色中條，帶紅色噴點，綑綠色邊。
葉型：中綠色波浪型葉，凹凸形葉脈。

育種：不詳
品種：標準型
花型：半重瓣星型十字花，粉紅色邊條，藍色中條，寬闊覆盆子花邊。
葉型：深綠色欖核型葉，凹凸形葉脈，葉底紅色。

育種：不詳
品種：纖巧標準型
花型：重瓣縐邊星型十字花，紫紅色邊條，白色中條。
葉型：中綠色波浪型斑葉。

育種：不詳
品種：標準型
花型：半重瓣縐邊星型十字花，紫紅色邊條，白色中條。
葉型：中綠色波浪型葉，凹凸形葉脈。

育種：門田豐彥
品種：標準型
花型：單瓣星型十字花，白色邊條，淺粉紅色中條，鑲覆盆子花邊。
葉型：中綠色普通型斑葉。

育種：門田豐彥
品種：標準型
花型：單瓣星型十字花，粉紫色邊條，白色中條，襯藍色噴點。
葉型：中綠色鋸齒邊欖核型斑葉。

育種：不詳
品種：標準型
花型：單瓣縐邊星型十字花，白色邊條，深藍色中條。
葉型：中綠色鋸齒邊普通型葉。

育種：不詳
品種：標準型
花型：重瓣星型十字花，紅色邊條，白色中條。
葉型：中綠色普通型葉，凹凸形葉脈。

育種：不詳
品種：標準型
花型：單瓣堇型十字花，粉紅邊條白色中條，襯藍色噴點。
葉型：淺綠色鋸齒邊欖核型葉。

育種：不詳
品種：標準型
花型：單瓣堇型十字花，藍色邊條，綠色中條。
葉型：淺綠色普通型葉。

育種：不詳
品種：標準型
花型：單瓣星型十字花，紫藍色邊條，白色中條，襯粉紅夢幻噴點。
葉型：淺綠色鋸齒邊普通型葉。

高氏品種 Ko's varieties

高氏品種是筆者自行繁殖的縞花。本人從欣賞縞花開始，欣賞縞花從Angel's Petticoats開始，它是本人擁有非洲紫羅蘭的第一棵十字花。一直很珍惜，現今依然欣欣向榮，花開不斷。目前的高氏品種，都是以縞花為主，自2010年開始，美國的兩大花房已經有高氏縞花出售，日後要在栽培和繁殖上加倍努力，爭取有更多縞花以外的新品種發表，與大家共同分享。

Ko's Lil Rosy Fairy

品種：迷你型　AVSA註冊編號：10431
花型：單瓣星型十字花，白色邊條，粉紅色中條。
葉型：中綠色欖核型葉。

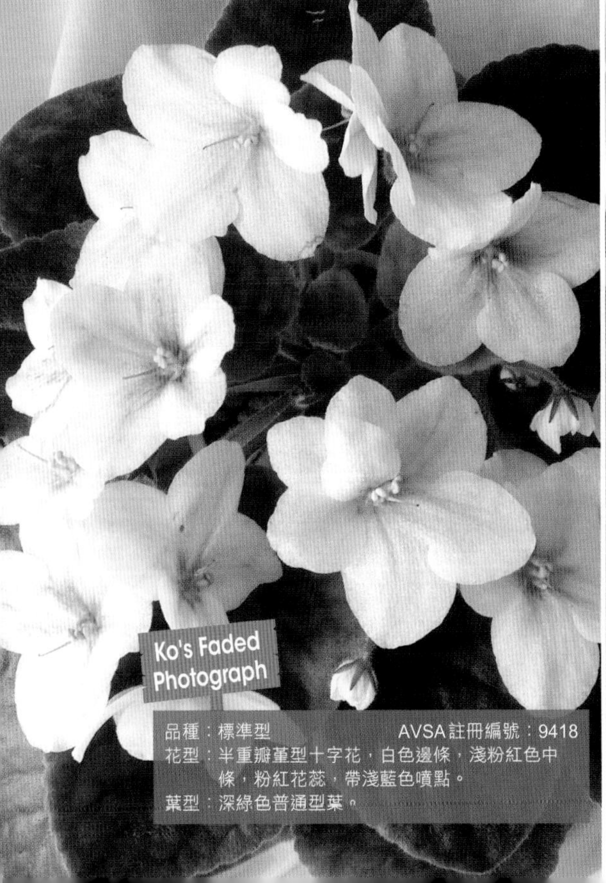

Ko's Faded Photograph

品種：標準型　AVSA註冊編號：9418
花型：半重瓣堇型十字花，白色邊條，淺粉紅色中條，粉紅花蕊，帶淺藍色噴點。
葉型：深綠色普通型葉。

Ko's Dancing Queen

品種：標準型　AVSA註冊編號：9642
花型：半重瓣堇型十字花，白色邊條，紫藍色中條。
葉型：中綠色普通型葉。

品種：迷你型　AVSA註冊編號：10361
花型：單瓣堇型十字花，淺藍色邊條，白色中條。
葉型：淺綠色普通型葉。

品種：迷你型　AVSA註冊編號：10429
花型：半重瓣堇型十字花，白色邊條，紫色中條。
葉型：深綠色欖核型斑葉。

品種：迷你型　AVSA註冊編號：10430
花型：半重瓣堇型十字花，藍色邊條，白色中條。
葉型：中綠色欖核型斑葉。

品種：半迷你型　AVSA註冊編號：9355
花型：半重瓣堇型十字花，白色邊條，紫紅色中條。
葉型：中綠色凹凸葉脈型葉。

品種：半迷你型　AVSA註冊編號：9675
花型：半重瓣堇型十字花，紫紅色邊條，白色中條，綑上綠色花邊。
葉型：中綠色細長型斑葉。

品種：半迷你型　AVSA註冊編號：10563
花型：重瓣白色堇型花，淺紅色花蕊，偶爾碰上紫紅色噴點。
葉型：中綠色普通型葉。

品種：半迷你型　AVSA註冊編號：10128
花型：單瓣堇型十字花，粉紅色邊條，黃白色中條。
葉型：中綠色普通型斑葉。

品種：半迷你型　AVSA註冊編號：9419
花型：重瓣星型十字花，粉紅色邊條，白色中條，細上綠色花邊。
葉型：中綠色鋸齒邊卵型斑葉。

品種：標準型　AVSA註冊編號：9641
花型：單瓣堇型十字花，紫藍色邊條，白色中條。
葉型：淺綠色普通型葉。

品種：標準型　AVSA註冊編號：10000
花型：半重瓣縐邊堇型十字花，白色邊條，粉紅色中條。
葉型：深綠色貝殼邊葉，凹凸形葉脈。

品種：標準型　AVSA註冊編號：10360
花型：單瓣縐邊星型十字花，白色邊條，淺粉紅色中條。
葉型：深綠色波浪型斑葉。

品種：標準型　AVSA註冊編號：9674
花型：半重瓣縐邊堇型十字花，白色邊條，紫紅色中條。
葉型：中綠色普通型斑葉。

Ko's
Innovation
品種：標準型　AVSA註冊編號：10001
花型：單瓣縐邊星型十字花，粉紅色邊條，白色中條，細綠色花邊。
葉型：中綠色波浪型斑葉。

Ko's
Midsummer Night
品種：標準型　AVSA註冊編號：10432
花型：單瓣黃蜂十字花，粉紅色邊條，淡黃色中條。
葉型：中綠色波浪型葉。

Ko's
Bashful
品種：標準型　AVSA註冊編號：10358
花型：單瓣堇型十字花，白色邊條，紅色中條。
葉型：深綠色波浪型葉。

Ko's Wonderful
Dawn
品種：標準型　AVSA註冊編號：10007
花型：單瓣星型十字花，黃白色邊條，粉紫色中條。
葉型：中綠色凹凸葉脈型葉。

品種：標準型　AVSA註冊編號：9356
花型：單瓣星型十字花，藍色邊條，黃白色中條。
葉型：淺綠色凹凸葉脈型葉。

品種：半迷你型　AVSA註冊編號：9809
花型：單瓣堇型十字花，珊瑚紅邊條，藍色中條，襯紫色噴點，細上白色花邊。
葉型：中綠色鋸齒邊心型葉，凹凸形葉脈。

品種：標準型　AVSA註冊編號：10126
花型：單瓣堇型十字花，粉紅色邊條，白色中條。
葉型：中綠色普通型葉。

品種：標準型　AVSA註冊編號：10427
花型：半重瓣星型十字花，白色邊條，紫色中條。
葉型：中綠色普通型斑葉。

品種：標準型　AVSA註冊編號：10428
花型：半重瓣星型十字花，白色邊條，薰衣草色中條，襯紫色噴點。
葉型：中綠色普通型斑葉。

品種：標準型　AVSA註冊編號：10564
花型：半重瓣綢邊堇型十字花，白色邊條，薰衣草色中條，襯藍色噴點，綑綠色花邊。
葉型：中綠色波浪型斑葉。

品種：標準型　AVSA註冊編號：10002
花型：半重瓣綢邊星型十字花，白色邊條，粉紅色中條。
葉型：中綠色波浪型斑葉。

品種：標準型　AVSA註冊編號：10565
花型：半重瓣綢邊堇型十字花，白色邊條，淺藍色中條。
葉型：中綠色光滑葉面，波浪型斑葉。

Ko's Lil Soloist

品種：半迷你型　　AVSA註冊編號：10362

花型：重瓣縐邊堇型十字花，白色邊條，紫色中條，綑綠色邊。

葉型：深綠色鋸齒邊心型葉。

Ko's Beloved

品種：標準型　　AVSA註冊編號：10124

花型：半重瓣縐邊星型十字花，白色邊條，紫紅色中條，綑上綠色花邊。

葉型：中綠色心型波浪葉，凹凸形葉脈。

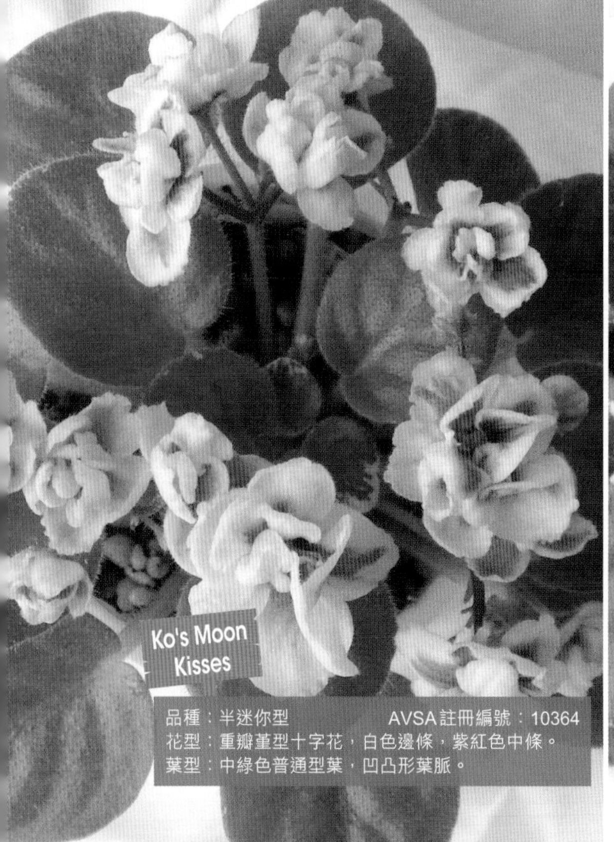

Ko's Moon Kisses

品種：半迷你型　　AVSA註冊編號：10364

花型：重瓣堇型十字花，白色邊條，紫紅色中條。

葉型：中綠色普通型葉，凹凸形葉脈。

Ko's Elegance

品種：標準型

花型：半重瓣堇型十字花，白色邊條，紫色上綠色幼邊。

葉型：深綠色貝殼邊波浪型斑葉，凹凸形葉

品種：標準型　AVSA註冊編號：10359
花型：單瓣縐邊堇型十字花，白色邊條，粉紅色中條。
葉型：中綠色貝殼邊，光滑葉面，波浪型葉。

品種：標準型　AVSA註冊編號：10125
花型：半重瓣縐邊堇型十字花，紫紅色邊條，白色中條，細明亮綠色花邊。
葉型：中綠色波浪型斑葉。

品種：標準型　AVSA註冊編號：9420
花型：半重瓣堇型十字花，白色邊條，深粉紅色中條，襯藍色噴點。
葉型：深綠色普通型葉。

品種：標準型　AVSA註冊編號：10004
花型：單瓣星型十字花，中紫色邊條，黃白色中條。
葉型：中綠色凹凸葉脈型葉。

品種：標準型　　　　　　　AVSA註冊編號：10005
花型：單瓣縐邊堇型十字花，白色邊條，紫藍色中條，綠色幼邊。
葉型：中綠色貝殼邊，光滑葉面，波浪型葉。

品種：標準型　　　　　　　AVSA註冊編號：10433
花型：重瓣縐邊堇型十字花，白色邊條，中藍色中條。
葉型：中綠色貝殼邊普通型葉。

品種：標準型　　　　　　　AVSA註冊編號：10434
花型：單瓣凹槽堇型十字花，白色邊條，深紫色中條。
葉型：中綠色普通型葉。

品種：標準型　　　　　　　AVSA註冊編號：10365
花型：重瓣星型十字花，紅色邊條，白色中條。
葉型：中綠色普通型斑葉。

品種：標準型
花型：重瓣縐邊星型十字花，淡粉紅色邊條，白色中條，襯淺藍色噴點。
葉型：中綠色凹凸葉脈斑葉。

品種：標準型　　　　　　　AVSA註冊編號：9677
花型：半重瓣堇型十字花，紫紅陰陽色邊條，白色染淺紅中條。
葉型：淺綠色普通型葉。

品種：標準型　　　　　　　AVSA註冊編號：10567
花型：單瓣凹槽星型十字花，紫粉紅色邊條，薰衣草色中條，白色花眼，襯藍色噴點。
葉型：中綠色普通型葉。

品種：標準型　　　　　　　AVSA註冊編號：10366
花型：半重瓣縐邊堇型十字花，紫紅色邊條，白色中條。
葉型：淺綠色波浪型葉。

品種：半迷你型　　　　　　AVSA註冊編號：10127
花型：單瓣堇型十字花，淺粉紅色邊條，深粉紅色中條，襯粉紅色噴點。
葉型：深綠色普通型葉，葉底紅色。

品種：標準型　AVSA註冊編號：10006
花型：單瓣星型十字花，淺藍色邊條，深藍色中條。
葉型：深綠色鋸齒邊欖核型葉，葉底紅色。

品種：標準型　AVSA註冊編號：9643
花型：單瓣至半重瓣縐邊星型十字花，粉紅色邊條，淡藍色中條，襯藍色噴點。
葉型：中綠色普通型斑葉。

品種：標準型　AVSA註冊編號：9808
花型：單瓣縐邊星型十字花，白色邊條，紫色中條。
葉型：中綠色凹凸葉脈型葉。

品種：標準型　AVSA註冊編號：9676
花型：半重瓣堇型十字花，薰衣草色邊條，白綠色中條。
葉型：中綠色凹凸葉脈斑葉。

品種：標準型　　　AVSA註冊編號：9421
花型：半重瓣堇型十字花，粉紅色邊條，白色中條，略帶藍色噴點。
葉型：中綠色普通型葉。

品種：標準型　　　AVSA註冊編號：10566
花型：單瓣堇型十字花，淡紫紅色邊條，淺藍色中條，襯藍色噴點，鑲寬闊覆盆子花邊。
葉型：中綠色普通型葉。

品種：標準型 AVSA註冊編號：10425
花型：單瓣堇型十字花，白色邊條，粉紅色中條。
葉型：中綠色普通型葉。

品種：標準型 AVSA註冊編號：10562
花型：半重瓣星型十字花，淺粉紅色邊條，紫色中條條紋，不規則紫紅色鑲邊，細白色幼邊。
葉型：中綠色凹凸葉脈型葉。

第二章

種植與繁殖

蟲害對於種植非洲紫羅蘭來說，是一個十分頭痛的問題。因為會傳染，一旦遭遇蟲害，就往往要花很長時間去解決，而且也未必能完全徹底消滅。蟲害就像人類的傷風感冒，隨時會發生，能夠對徵下藥，是最好的方法，但預防勝於治療，建議保持一個潔淨環境，種植就更開心。

潔淨種植

預防

預防和建造潔淨環境，兩者同樣重要，預防工作首先要從細微處做起，種植的地方環境必須保持清潔，以免細菌和害蟲滋生。從外面購買或朋友轉贈的植株，帶回家後，切勿與家中植物一同擺放，否則，疏忽了做預防的準備工夫，經過交叉感染，蟲害危機也許會由此產生。

預防方法是，不要把附有泥土的外來植物帶入家門，尤其從外國引進的植株，一定要求對方把植物泥土去除，然後才寄運來港。收到後寄來的植物後，首先用漂白水與清水1：200倍稀釋，然後把外來植株整棵浸入水中，大約10分鐘，把植株取出，用清水沖洗乾淨，以新的泥土栽植，再把其放進透明塑膠溫室隔離，經過1個月後，離開溫室，正式與家中其他植物一起種植。

以上是最徹底的消毒殺菌方法，外來的植株一定要先經噴殺蟲水和隔離等程序，才能達致安全的預防效果。

清潔種植環境

- 為防止細菌滋生，可採用「Physan 20」來幫忙。「Physan 20」是一種人們普遍認可的化學劑。美國的園藝種植者，都會利用它來預防細菌、病毒、綠藻等滋長，使用方法簡單，以清水1：1000倍稀釋後，加入所須肥料一起開水，每次澆水時使用。可防止細菌、綠藻等生長，也是潔淨和預防的好方法。

- 除了使用「Physan 20」外，一般種植用的水盆、盆底等器皿，都需要定時以稀釋漂白水清洗；用過的花盆，以漂水洗滌後，可以重用，既清潔又環保，積聚在盆內的肥料鹽，也可以一併清除。

經過以上的預防和清潔措施後，最後還要注意植料的使用原則。當植株要換泥時，一定要換上新的植土，因為舊有泥土已經變酸，更是細菌溫床，如果再重用，所做的一切預防和清潔工作都等於白費。

換泥換盆

非洲紫羅蘭種植了一段時間後，外圍的葉片捲曲生長會超過盆的邊緣，但植株仍然健康，只是生長型態已經沒有了葉序，這時便需要替它換泥換盆了。如果沒有經驗，可能會感到有點困難，恐怕會把葉片弄斷。

事實上，只要細心掌握每個程序，就不難做到。這些植株的葉子，已經多得超過所需，要摘除外圍或外圍對上兩層的葉片是可行的，反而能促使植株加快生長。

一般情況下，非洲紫羅蘭開花是會從新葉和新葉子的葉腋處生長發芽，通常也不超過最前的三層新葉，外圍的老葉是不可能再次生芽開花的，把外圍的老葉摘除，絕對不會影響未來繁花綻放。

要培養大型秀株，除了要經常摘除花芽和腋芽來促進植株成長，還需要保留一些外圍老葉子，使整體植株得以平衡生長，必要時，需使用葉托輔助來保持植株的均勻型態。但是，在室內的盆栽觀賞植物，則沒有必要繼續保留多餘的葉子，植株型態的大小並不是追求的目標，重點是繁花盛開，為家居環境作點綴。

簡易快捷換盆法

1. 刪除那些不必要的外圍葉片，然後用螺絲批從盆底排水孔輕輕向內插入，泥胆便自然脫離舊盆。要知道一個生長原則，根部組織於土壤內的規模，應該可足夠支持盆上整體的莖和葉片，所以，如果刪除了一半老葉子，也可以刪除根系的一半。
2. 選用適當大小的新盆，先填充新植料，份量大約佔新盆容量1/4，然後，輕輕把植株提起，放棄舊盆，傾側泥胆，用剪刀去除泥胆下半部份，再把植株移過新盆中，在新盆圍邊均勻添加植土，直到蓋滿為止。
3. 用尖嘴噴水壺，向鬆散植土噴水，整固植土，讓植株定位。植株即會健康生長。

澆水須知

澆水是種植成功的基石，初種植者首先要從澆水學起，而資深種植者，同樣不可忽略澆水的技巧，只有令植株適當吸收水分，植株才能茁壯成長。

澆水技巧與種植用的盆子和種植的環境都有很大關係，所謂技巧，原來都是初學種植者經常遇到的問題，要尋求妥善的方法去處理而已。

澆水方法分類

目前，種植非洲紫羅蘭的澆水方法普遍分為四類。

1. 泥面澆水法　2. 盆底吸水法　3. 棉芯吸水法　4. 德州種植法

- **泥面澆水法**　是最理想的方法，直接針對植株須要而進行，從泥面注水，至盆底有多餘水分流出為止，做法極為簡單。
- **盆底吸水法**　盆底吸水法較為方便，當植株吸取足夠水分後，餘留在墊底盆的水要倒去，否則，植株根部長時間浸在水中，阻礙根系呼吸，容易產生爛根。
- **棉芯吸水法**　棉芯吸水法是運用毛細管作用原理，水分從棉線的微孔細隙，把低密度水分從水盆輸送到高密度的植土內，只須每周把肥料水注滿水盆，外遊或公幹，甚至長達兩周，植株都可吸收到水分。

盆的配合

盆有很多不同質量的選擇，有紅泥盆、塑膠盆、大小和形狀不同的盆，選購盆時，要留意盆的底部，盆底在設計上是有所分別的，有些盆是有腳的，有些盆是平坦的，而有些是半平坦的，小小的設計關鍵，就直接影響到植株的吸水能力。

泥面澆水最好選擇有腳的種植盆，澆水後流出來的多餘水分，貯存於墊底盆中，植物的根不會長時間被水浸，可避免造成爛根情況。

棉芯吸水則宜選擇底部平坦或半平坦的盆，因為種植植株的盆底與水面貼近，水分容易被植物吸收。

注意：加水時，水分千萬不要浸過盆底。建議最好採用劃一設計模式的種植盆，假如全部用有腳盆的話，加水時，水要超越盆底，植株才容易吸取到水分。如果種植盆未能劃一使用，參差不齊，水位的標準很難受到控制，會導致有些植株出現乾涸，有些植株出現爛根的情況。

環境的配合

香港的氣候春季和夏季較為潮濕，當濕度高的時候，澆水日程需稍為延長，相反，秋季和冬季較為乾燥，澆水日程則稍為縮短，同時也要因應種植環境而作出調節，例如，靠山或近海，環境上的空氣和濕度就完全不一樣。

水是生命的泉源，沒有水植物就不能存活，戶外的植物，有天然的雨水滋潤，而非洲紫羅蘭在室內種植，澆水就成為重要的一環。在澆水的同時，應順便觀察其生長進程，摘除凋謝了的花朵，防止貼近的葉片受到枯花損害，除去多餘的黃葉和老葉，及時修剪造型，爭取植株能吸取更多養分，同時還可以把盛放開花的植株，移至前端位置，以便隨時欣賞，整個澆水過程，即是一個欣賞過程，既充實又滿足，完成一個紫羅蘭的大檢閱。

懸垂品種種植

在非洲紫羅蘭的類別中，懸垂品種別具特色，姿態美觀，搖曳生風，極為可愛。一般人會以為懸垂品種的植株型態叢生而茂密，種植比較難，事實上，當了解種植的技巧後，一切就不會困難了。

攀懸品種

非洲紫羅蘭的懸垂品種，分為普通花和十字花；也有分為橫生懸垂品種和垂直攀懸品種的。

橫生懸垂

- **品種**　要想孕育出一盆出色的懸垂盆栽，適宜選擇自然生長的橫生品種。
- **生長**　橫生懸垂的神韻創造，只須一個生長點為主莖，最少生長有三個或以上的橫生莖，縱橫交錯來覆蓋盆面，繼而懸生伸長到盆外。
- **選盆**　由於懸垂的根部生長較淺，可選用圓形闊面淺底花盆，甚至用圓形淺底的錫紙盆來種植，到植株成長後，再在原來的盆外加套各款造型美觀的圓形盆或吊籃即可。
- **植土**　因為種植懸垂品種的泥土不能頻密更換，建議採用美林安A（Million A）來改善泥土的酸鹼度，先把美林安A覆蓋整個盆底，然後加入混合植料，再把最少長有三個橫生莖的主莖種入泥土中。

垂直攀懸

種植垂直攀懸品種則要多做點功夫，利用軟金屬線，屈成倒U字形狀，用來按住植株的生長莖，固定於泥土表面，使其慢慢攀懸生長。

根據植物的特性，生長點被破壞後，便會不斷增生橫生芽，等植株長到一定程度，就要先把生長點頂端的四片葉子摘去，讓橫生莖增生，如果生長點被葉片遮蓋，植株生長便會減緩，所以，最好每隔一段時間就把遮擋生長點的葉子摘去，大約要經過一年的努力，盆面才能被縱橫交錯的橫生莖所覆蓋，繼而才會搖曳於盆外蔓延生長，一盆活潑生動的懸垂盆栽，就是這樣成功創造出來的。

炭的用途

炭，在人類遠古的歷史中已有記載，被廣泛用於工業、農業和人們生活的各個方面，炭對人類的文明進步有莫大的貢獻。在農業社會時期，需要開荒拓展耕地時，人就懂得使用堆肥的方法，先把草原點火燒成灰燼，然後翻土，再用新泥覆蓋，數周後，泥土內被燒毀的樹木和草，漸漸炭化。根據國外的研究報告，五大洲的耕地，泥土中含有豐富的炭元素。這一研究確認，炭作為改良土壤的歷史由來已久。

許多園藝種植者都推崇炭的效用，把它混入泥土中種植作物，可提升植物的生長速度。混入炭的植土，比混入基肥的植土效果更佳。

炭的效用：

1. **調控濕度**　炭為天然有機物料，它表面佈滿許多小孔，小孔內貯存着水分和空氣，當植土乾涸時，小孔內的水分便會釋放出來。
2. **分解有害化學物質**　經過長時間種植，泥土中自然會滋生細菌，還會產生很多有害的化學物質，此時，炭便肩負起安全糾察的角色，分解有害的化學物質。
3. **調節酸性泥土**　炭屬微鹼性物質，可以幫助調節帶酸性的植土，對種植非洲紫羅蘭而言，使用炭，便可以把需要換泥土的週期稍為延長。
4. **提供微量元素**　炭本身包含有鉀、鐵、鈣、鎂等微量元素，正好是植物的基本需要。
5. **除臭作用**　炭可運用其多孔的表面，吸收附在植土上的怪異氣味，對抑制細菌繁殖也有幫助。

由於園藝用的炭需求不大，銷量不多，香港已經沒有出售，可向海外花房訂購，但郵寄費用昂貴，唯有改選活性炭，其使用效果與園藝炭分別不大，而且購買方便。例如，「魚博士」活性炭，加入植土中使用效果很好，能使非洲紫羅蘭花繁葉茂。

尿素的影響

尿素是有機肥料，由於生產成本廉宜，被廣泛使用，但卻引來很多意見，尿素好像一把雙面利刃，有利亦有害。如果運用於種植，若使用不當，有可能把植物摧毀；但很多種植者也能成功使用，且沒有造成不良影響。

尿素的特性和用途	尿素屬有機化合物，可以說是人類和動物經過新陳代謝後，體內所產生的廢物，主要組合元素是氨和二氧化碳，由於尿素化合物易溶於水，可作為液體或固體生產，製作成本低，所以肥料生產商仍然樂於採用。
尿素的配方	氮是肥料配方中的第一組數字，屬最重要元素，沒有它植物便不能夠自製食物，氮提供給植物的形式，最常見的是尿素、氨、或硝酸鹽，植物主要就是運用硝酸鹽來製造食物，而氨也可以容易地轉化為硝酸鹽。然而植物卻不能夠直接使用尿素，一定要經過將尿素轉化為氨或硝酸鹽的程序。因此，部分種植者提議停止使用，但尿素化肥為什麼仍然在生產？主要是因為製造成本和售賣價錢都相對便宜，所以仍在使用。
尿素的使用效果	適當運用是可以的，植物中的微生物，有能力將尿素氧化為氨，但是，培植非洲紫羅蘭，所採用是「無土種植」，即是科學泥混合植料，此法與有機種植不同，後者在土壤中有常用的堆肥和厩肥，尿素容易被分解，而「無土種植」就是未有足夠的微生物，不能將過剩尿素分解，造成大量肥料鹽的產生，它們積聚在盆邊，導致葉片和植株中央生長點易出現被肥料燒傷的病徵。
解決肥料鹽積聚的辦法	可從澆水和施肥兩方面着手，按時利用清水沖洗植株，讓積聚的肥料鹽和多餘尿素隨清水流出，排放盆外，再配合施肥方法，則可改善肥料鹽積聚，施肥要以薄肥為主，才不致令植株受到傷害。

高鮮的效用

高鮮（Hi Fresh），可用作肥料添加劑，形狀為白色粉末，上個世紀80年初從日本引進，用作種植非洲紫羅蘭。當時的香港非洲紫羅蘭協會會長，與日本種植非洲紫羅蘭專家川上敏子老師相識，邀請川上訪港，互相交流種植經驗，並由川上老師介紹高鮮、多花、美能安A等物料的用法。

高鮮是無機礦物，不含氮、磷、鉀，主要包含以下各種物質元素：

1	二氧化矽（SiO_2）	70.28%
2	三氧化二鋁（Al_2O_3）	15.27%
3	三氧化二鐵（Fe_2O_3）	1.29%
4	二氧化鈦（TiO_2）	0.07%
5	氧化鈣（CaO）	0.49%
6	氧化鎂（MgO）	2.39%

由於高鮮內含酸和鹼兩類氧化物，具有調節泥土酸鹼度的功能，被非洲紫羅蘭種植者普遍使用，而事實上，高鮮功能不只限於泥土調節，對培養植株是個好幫手，且有以下多項良好效果：

1. 促進根部生長
2. 防止爛根
3. 防止細菌感染植物切口
4. 調節植土養分
5. 紓緩泥土變酸

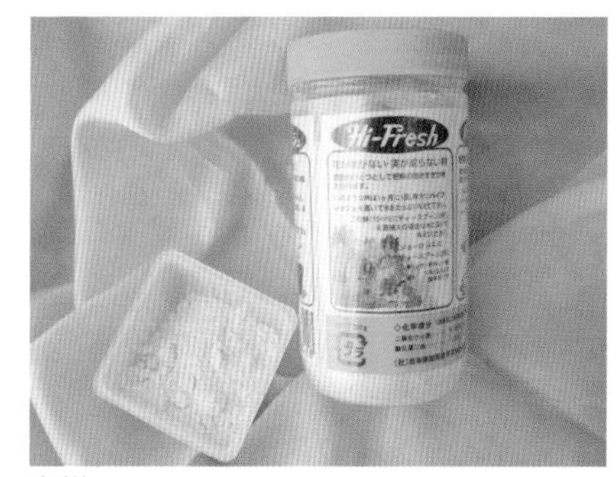

高鮮

高鮮的使用方法和功能

使用方法	詳細功能
把高鮮塗在植物切口上	• 保護植株免被細菌感染 • 促進根的生長程度 • 縮短葉片繁殖所需時間 • 郵寄植物到外地，高鮮不可不用，可直接保護植株在旅途中免受損害，現時美國的兩大花房，Violet Barn 和 Lyndon Lyon Greenhouses 郵寄花苗時，已經全面使用高鮮
以 1 克高鮮溶於水中，用溶液沖刷花盆內植土，直至水從盆底流出，由啡色轉為清澈為止	• 幫助調節泥土養分 • 防止爛根 • 紓緩泥土變酸

美能安 A 的使用

美能安A也是無機礦物，呈不規則白色塊狀，有人誤會它與高鮮是同類礦石，也誤以為高鮮就是粉狀美能安A的副產品，而事實上兩者所含化學成分大致相同，美能安A要比高鮮多含微量的氧化鉀和氧化鈉。

兩者在效用上沒有大分別，而使用方法略有不同。一般會將塊狀的美能安A，放置於種植盆底內，讓它發揮功能，防止非洲紫羅蘭根部浸水分而發生腐爛，效果極為顯著。

另一方面，種植懸垂品種必備美能安A，建議把塊狀壓碎成不規則小粒，用其覆蓋整個懸垂盆的盆底，然後才加上混合植料，除了能直接延遲泥土變酸時間外，還能令種植的懸垂品種型態優美。

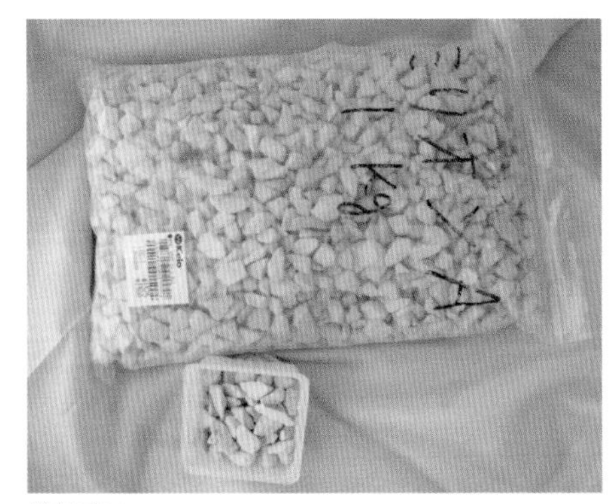

美能安A

HB-101的使用

HB-101不算是肥料，它應該是植物的營養素，由杉、松、檜、車前草等天然植物提煉而成，無任何化學添加劑。功效比其它肥料更快速。

HB-101最早從台灣引進使用，為了求證其功效，先用其養殖水草和花臉苣苔植物，水草愈來愈茂盛，連水族缸內的燈科魚和水晶蝦也完全不受影響地照常生活；花臉苣苔的主幹則快速長高達1米，莖幹粗壯，直徑超過2.5厘米。

做完實驗後，便可以安心使用，開始嘗試種植非洲紫羅蘭，平衡它的用量，務求達到最佳功效，結果如下：

1. 增加植株的花莒和花苞數量，花色也較為鮮艷。
2. 提升植物免疫力、耐寒能力，秋天來臨，可以開始使用HB-101，替植物預先進補，到了寒冬季節，植物自會有更佳的禦寒功力。筆者曾以原產於南美的熱帶植物，粉紅斑葉喜蔭品種，加入HB-101進行試驗，結果禦寒功效顯著，植物安然度過嚴寒的冬天。
3. 促進植株生長速度，擴闊葉幅。尤其對準備參加展覽或比賽的花卉，幫助很大。

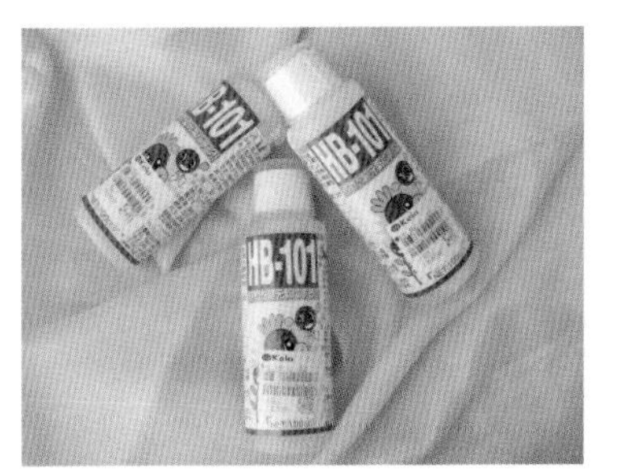

液體HB-101

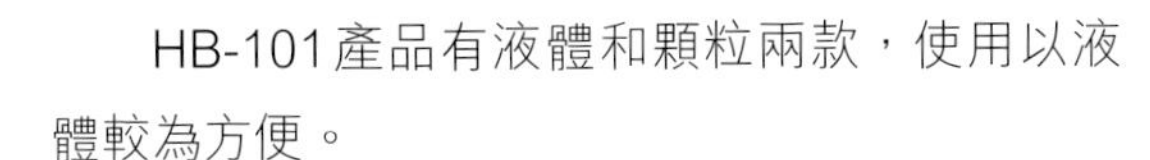

HB-101產品有液體和顆粒兩款，使用以液體較為方便。

顆粒HB-101

液體HB-101和顆粒HB-101的使用方法

產品類別	使用方法
液體HB-101	以1：1000倍清水稀釋，可加入與肥料同用，亦可用作葉面施肥，但使用份量比例要改為1：4000倍。
顆粒HB-101	顆粒不宜放置在植土表面，這樣不能發揮效力。10厘米直徑花盆，可於混合植料內加入1克顆粒，讓其在植土中自行發揮功能。

蟲害與病毒

非洲紫羅蘭的艷麗，多采多姿，的確吸引很多喜歡種花的朋友，奈何有時也很令人氣餒，植株無緣無故地萎縮，葉子無緣無故地軟垂，花蕾在成長期間凋謝，凡此種種，都會叫人懊惱。

非洲紫羅蘭比較容易感染蟲害，一定要認識蟲害的類別，瞭解病毒的成因，尋求根源，方能儘早對徵下藥。

蟎蟲

蟎蟲有很龐大的家族，專門侵襲非洲紫羅蘭的有仙客萊蟎（Cyclamen Mite），和茶細蟎（Broad Mite）兩類，蟎是十分細小的昆蟲，憑人類眼睛很難看見，喜歡在葉面上爬行，並靠吸取植物汁液為生，被蟎蟲侵害的植株，就等於人類的傷風感冒，只要適當用藥，便能藥到病除。

感染蟎蟲的植株徵狀

蟲害類別	徵狀
仙客萊蟎	植株中心點細葉叢生，不會長大，但擠迫得不能伸延，葉片表面佈滿濕氣，總是不乾爽
茶細蟎	植株中心生長點扭曲變形，葉尖變圓，葉片向內彎曲，與匙羹形狀相似

蟎克

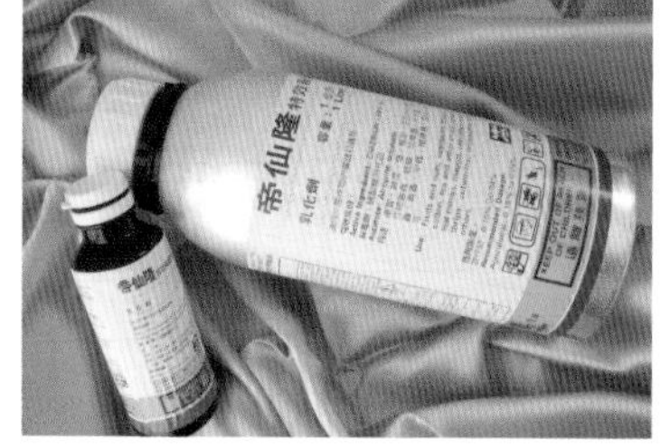

帝仙隆

治療受害植株步驟：

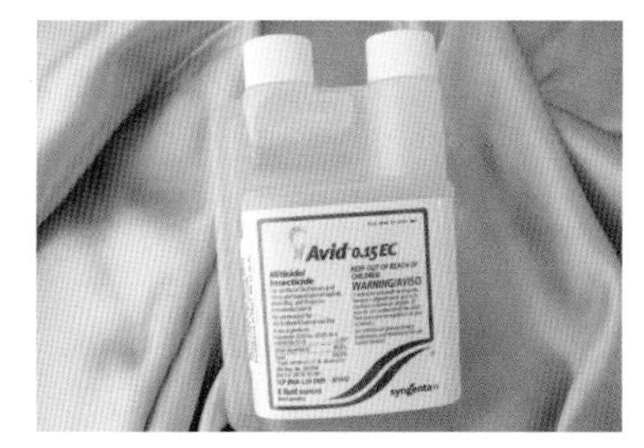

Avid

1. **用藥程序** 使用殺蟲農藥，一定要分三個週期進行，每個週期相隔七天，第一階段把成蟲和幼蟲消滅；第二階段確保消滅；第三階段把留下來的蟲卵也一併殲滅。
2. **用藥範圍** 由於蟲蟎的活動範圍，會走遍植株和泥土，因此噴灑殺蟲藥時，整體葉面、葉底，盆內植土都要噴透，直至盆底有水流出為止，殺蟲程序才算完成。
3. **選用農藥** 用「蟎克」或「帝仙隆」，以1：300倍清水稀釋，兩種農藥均可在菜種店舖買到，以「帝仙隆」效果較佳。

另外「Avid」和「蟲蟎敵」都是屬於阿維菌素乳化劑，功用可破壞蟲蟎的神經組織，令害蟲死亡。「Avid」以1：500倍清水稀釋；而「蟲蟎敵」則以1：250倍清水稀釋。兩者的副作用都比「帝仙隆」為少，「Avid」價格昂貴，郵購8安士售價100美元；「蟲蟎敵」菜種舖有售，價錢合理，建議採用。

花粉蟲

花粉蟲學名薊馬（Thrips），以花粉為其主要食糧，其身型纖細，長約兩毫米，孵化幼蟲只需三天，為求配合環境生存，蟲身黑色，也曾有過淺粉紅的保護色。當植株受到花粉蟲的侵害，嚴重時，早上看見開花，午間已開始凋謝，不到半天變成啡色的枯花，花粉隨着散落於葉面上，很容易察覺。

根治花粉蟲的藥物

- 普遍採用「苦楝油」（Neem Oil），它是由苦楝樹種子提煉而成，對人體無害，噴灑在植株和花朵上，留有苦楝樹種子氣味，花粉蟲不喜歡吃有此氣味的花朵，慢慢飢餓而死。使用「苦楝油」

需要用洗潔精來乳化，份量是10毫升「苦楝油」加10毫升洗潔精，再加入1公升清水稀釋，分三個階段進行，每期相隔三天。

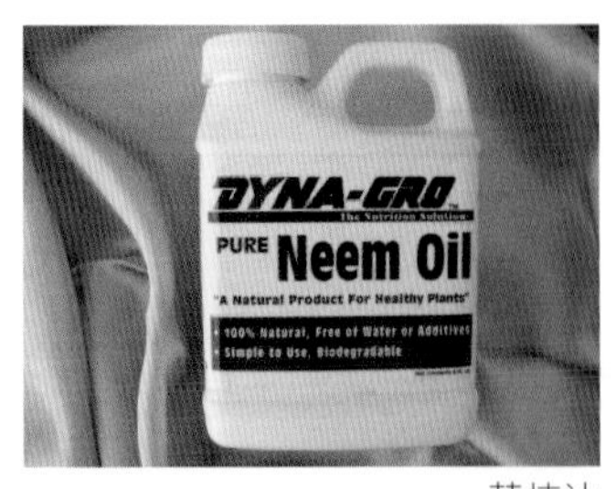

苦楝油

- 亦可採用「帝仙隆」、「Avid」、「Conserve SC Insectcide」等其他選擇，使用劑量與消滅蟲蟎相同。
- 「Conserve SC Insectcide」是經活性生物體發酵，所產生的多用途殺菌素，殺死害蟲，同時可控制花粉蟲滋生，使用份量1：50倍，用清水稀釋。它在美國被廣泛使用，如草坪、高爾夫球場等，屬專業殺蟲劑，建議採用。

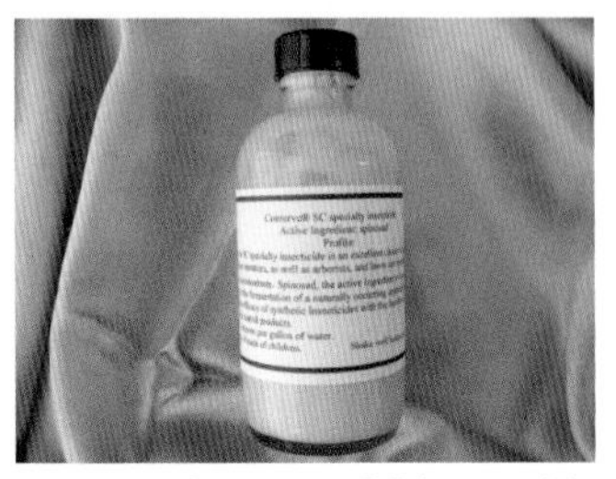
Conserve SC Insectcide

粉介 / 泥土粉介殼蟲

粉介殼蟲呈白色，聚合起來像一團白色的棉花，故又稱棉花蟲，它們的破壞性很強，是比較難根治的蟲害，大致可分為兩類：

類別	生活習性
粉介殼蟲（Mealy Bug）	依附在植株主幹、葉幹、和葉底滋生，吸食汁液
泥土粉介殼蟲（Soil Mealy Bug）	生活在植土內，吸取根部汁液維生，不易被發現

粉介殼蟲　白色棉花狀的粉介殼蟲，體長0.16厘米左右，依附在植株主幹、葉幹、和葉底蠕動，主要吸取植株汁液，牠靠空氣、蔬果、和外來植物傳播，尤其是生果中的番鬼荔枝，表皮上寄生一堆的白色小蟲，就是棉花蟲了。如果發現其依附在非洲紫羅蘭的主幹和葉幹時，要立即清除，以棉花棒蘸上消毒火酒，塗在主幹和葉幹上，便能把其消滅。

泥土粉介殼蟲　泥土粉介殼蟲生存在泥土中，不容易被發現，慢慢地吸取根部汁液，根部被破壞後，植株缺乏水分和養分，逐漸萎縮，葉子開始變黃，不再開花，這徵狀表示植株已被泥土棉花蟲入侵了。要求證也不難，以大量清水沖刷泥土，然後用一個深顏色的器皿，盛載盆底流出來的水，水面上如果浮游有白色的小動物，這就是可惡的泥土棉花蟲了。

棉花蟲外層像白蠟棉花狀物體，是其保護衣，可防禦水分和農藥滲入其體內，因此殺蟲藥也不能即時把牠們消滅，要根治棉花蟲，相對比其他蟲患困難，處理程序要徹底，才能有效。

消滅粉介殼蟲的方法

1. **清潔種植環境**　為了要徹底消滅蟲害，把所有感染植株先除去根的部分，如果不能即時種植，每棵植株先用保鮮袋獨立包裝，寫上品種名稱，然後分階段重新種植。將原有的種植盆和泥土全部棄掉，一件不留，以1：99稀釋漂白水將種植範圍消毒，避免周圍環境再有棉花蟲蹤跡。
2. **重新種植**　把藏於保鮮袋內的植株取出，先用清水將葉面泥土沖走，再用1：200倍稀釋漂白水，浸植株10分鐘，然後用清水沖洗乾淨；風乾後，用新盆新泥重新種植，並把它放置於透明溫箱內，要隔離約一個月。
3. **完全滅蟲**　附於植株的蟲卵，有可能仍未能完全被消滅，在溫箱隔離期間，繼續要以1：300倍稀釋「帝仙隆」，進行滅蟲治療，每星期1次，完成3次便可。

白粉病

種植非洲紫羅蘭，種植面積密度的轉變，也可以對其健康有直接影響，在每年春夏交替的時候，白天漸漸變暖，而晚上仍然涼快，在溫差強烈對比的環境，花莖和葉子上的白色粉塵便會生長起來，這些白色粉塵被稱為「白粉病」。

發現植株被白色粉塵沾染，就是已經感染白粉病了。很有趣，白粉病是如何攀附在植株上的呢？一般情況下，會發現白色粉塵處於外排的葉片上，之後才漸漸在植株的其他部分生長。當其第一次出現，很容易被誤以為是灰塵，再仔細觀察就會察覺，白色粉塵開始連接在一起，生長範圍越來越廣，這些孢子生長現象，被稱為——霉變。

其實白粉病是真菌，從戶外由空氣飄移至室內，然後空降蔓延傳播；起初，不僅損害植株的外觀，葉片也開始顯得暗淡，失去光澤。如果任由它存在，真菌孢子可能會導致更多永久性損壞。白粉病是不會使植物致命，但葉片可以嚴重損毀，花很快就會凋謝，成長中的花蕾也會枯毀，整棵植株生長開始有放緩跡象，這是因為真菌的傳播要從植物中攝取養分和水分，繼而阻擋光線，破壞植物進行光合作用。由於孢子可以快速移動，攻擊其他植株，植株被感染的面積也愈來愈廣，白粉病一旦發生，便需要努力消除真菌傳播，充分照顧被感染的植株。

當發現白粉病的蹤跡，不要猶豫，應立即行動，不讓它有機會蔓延爆發，只要10天時間，可以完全殲滅。

白粉病廣泛傳播的成因

溫度	白天和晚上之間溫度的差異，溫度轉變超過攝氏5度
濕度	濕度高的水平，超越90%
空氣對流	窗户關閉，室內空氣不夠流通
植物密度	種植面積不足夠，植株生長擠迫，令葉與葉之間沒有距離，互相觸碰

發生白粉病採取的補救措施

1. **溫水噴洗**　最簡單的方法就是用溫水噴洗，從有讀數設備的電熱水爐，把水溫調至攝氏38度，用尖咀噴壺盛載溫水，然後向植株葉面及葉底不同角度噴射，沖刷破壞真菌孢子的顆粒，確保看不到白色粉塵的痕跡才停止。每隔3天要重複做一次，經過3周期的溫水噴洗，定可完全消除。
2. **增加空氣流通**　重新將植株換泥種植，移除年老及破損的葉片，擴闊植株相隔空間，避免擠迫生長，加強空氣流通，如果空氣濕度超過90%，可用電風扇來加強空氣流動，把濕度維持在90%以下的水平。

溫室植物病毒

鳳仙花壞死斑病毒（Impatiens necrotic spot virus）是溫室植物病毒，簡稱INSV，對香港育種者來說，INSV似乎是十分陌生，相信很多人對這方面的經驗不多，而且欠缺應付策略，文獻也很少討論這個課題。

發現　INSV首次被發現始於1919年，那時病毒已經在亞熱帶地區廣泛感染，影響農作物，直至20世紀80年代末，它們開始影響到美國的溫室產業，因為當時運輸行業的發達，病毒隨着植物材料的運送，迅速蔓延，遍佈美國各地，現在則是隨處可見，至今其宿主數目，已經確定超過600種植物，其中就包括非洲紫羅蘭。

傳播　INSV病毒是運用寄生方式傳播，它需要依附一個傳播媒體來感染寄生宿主，這意味着該病毒無法直接廣泛地繁衍，更不能存活於宿主體外。經實驗證明：INSV是利用薊馬（Thrips）作為傳播媒體，薊馬是非常熟悉非洲紫羅蘭生長特性的害蟲，INSV病毒就這樣輾轉傳到非洲紫羅蘭身上。感染病毒的薊馬，只需5至10分鐘，便可將病毒直接傳到健康的植株上，其殺傷力巨大，植物一旦被感染，便沒有根治方法，唯一可做的，就是好好保護植株，多方面瞭解病毒如何傳播，如何消滅薊馬，如何識別這種病毒造成的徵狀。

病毒繁殖　當INSV感染到植物上，利用植物新陳代謝的過程來自我繁殖，影響植株正常生長，開始使植物組織中的可溶性氮減少，導致植株的葉片萎縮枯黃，INSV甚至可以製造有毒的蛋白質，令植株出現感染病徵，例如，葉面會出現壞死斑點、線條、葉幹被熏黑、長出變形細葉等，令整體植株發育遲緩或矮化，長出不規則形狀的葉子和花朵。

防治　為了管理好疾病不發生，先來瞭解薊馬的生命週期和特性，薊馬完成生命週期要10天左右，產卵會附在葉片上，大概3天便孵化成幼蟲。當發現薊馬為害，應立即行動，採用農藥把幼蟲消滅，並把植株上的所有花朵摘去，清除薊馬喜愛的食物「花粉」。使用農藥分3個階段進行，每隔3天噴灑一次，務求把泥土中的蟲蛹、幼蟲、成蟲一併消滅。

非洲紫羅蘭的清潔管理十分重要，當懷疑感染INSV病株，應立即銷毀棄掉，更不可留下病株的葉片，用作繁殖用途。由於INSV病毒屬系統性傳播，病毒會覆蓋整體植株，若以病株葉片繁殖，一定會流傳到下一代，要避免惡性循環，切記要把感染INSV的植株整株丟棄。

雜交繁殖 / 基因列表

一般種植者，對於花粉繁殖，如果是一知半解，把兩個自己喜愛品種用來交配，以為可以產生一個美麗的混合版，這絕對是不可能的；又或者把植株自行授粉的種子留下栽種，希望可以出現不同花朵。通常自行授粉的後代，會與母株相似，原因是母株隱藏的隱性基因，或會形成其後代，或衍生新的基因組合排序，但新組合數量，會取決隱性基因之複製，從實踐經驗所得，成功機會甚微，資料未曾有報導，有新品種是經自行授粉繁殖而得來。

筆者初學時，也曾犯這個錯誤，拿一棵深淺粉紅色十字花 Granger's Desert Dawn 自行授粉的種子，留下來培育，結果繁殖出大大小小許多粉紅色花苗。今天，科技資訊發達，透過互聯網，大家可以互相交流種植經驗，再不用盲目地嘗試了。

花粉繁殖法必需考慮到植株父本母本的顯性和隱性基因，從而才能按自己的意願，得到喜歡的品種。

如何去選取植物的父本母本呢？必須先認識繁殖的定律，明白培育過程，再作嘗試，一定不難成功。

繁殖要注意的六項定律

1. **顯性基因**　如欲繁殖出某種顯性基因特徵的植株，選擇父本或母本單方面擁有便可以，因為，顯性基因特徵由父本或母本其中任何一方，都能夠遺傳給後代群組中的一半或全部。
2. **隱性基因**　繁殖隱性基因條件，必需是父本和母本都共同擁有這一特徵，才能夠遺傳給由其繁殖出來的後代。
3. **避免選用原生種**　選用兩個原生種為父本母本進行雜交，結果後代與父母基因相似，外表和花色跟原生種也會相似。
4. **父本選擇**　單瓣花和半重瓣花，比較容易採取花粉囊，適宜選擇作為父本。

5. **母本遺傳基因**　斑葉基因一定是隨母本遺傳得來，要繁殖斑葉後代，必需選擇斑葉品種為母本。
6. **藍色基因**　花色基因特徵，以藍色為最強，如果不希望雜交出來的後代出現完全藍色，最好避免選用藍色作為父本母本。

葉子的基因特徵

顯性	少女葉　波浪葉　細長葉　紅色葉底　紅色葉柄
隱性	平葉　欖核型葉　斑葉　綠色葉底　綠色葉柄

花型基因特徵

顯性	重瓣花　半重瓣花　黃蜂花　堇型花　縐邊花
隱性	單瓣花　星型花

花色基因特徵

顯性	藍色　紫色　紅色　黃色　噴點　指模印畫 綠色花邊　白色花邊
隱性	白色　粉紅色　珊瑚紅色　珊瑚粉紅色

縞花孕育繁殖

自2010年於美國非洲紫羅蘭協會年展中，筆者主持「縞花夢」主題講座，交流縞花種植與品種研發經驗後，至今仍不斷收到海外花友的查詢，有關縞花的各樣問題。

縞花　縞花具有內縞與外縞花色，雙色條紋的非洲紫羅蘭花朵，育種者都把其歸納為縞花品種，或稱為十字花，英文名稱「Chimera」，「Chimera」名字源於拉丁文，是希臘神話中會噴火的異獸，異獸是由不同動物的不同身體部分組合而成，牠擁有獅子的頭，山羊的身軀，與及蛇的尾部。一般在動植物學中引用此名詞，是指那些物種，擁有並融合兩種或以上不同細胞遺傳基因，都稱為「嵌合體」即「Chimera」。

由於縞花是融合着兩種不同類型的遺傳基因，故此，其繁殖是不能夠採用葉片的「無性繁殖」和種子「有性繁殖」的方法。因為，以上兩種的繁殖法，都不能把兩類的遺傳基因完全遺留給下一代，結果開出來的花朵，都不會是有條紋的縞花。

縞花的繁殖　可以利用側芽、花莒、壓枝繁殖法與及切除葉冠的方法，其中以花莒繁殖的成功率最高，100% 原有的縞花色澤，而且對母株不造成傷害，唯一是需要較長時間，從花莒到小苗，大概 4-5 個月左右；側芽繁殖是第二選擇，植株成長後，會出現側芽，小心把其切割下來，放入小苗盆中種植。至於切除葉冠繁殖，必須具備些少刀法技巧，運用不當，容易損害母株甚至把其摧毀。

繁殖縞花需要很長時間，而且每次產量不多，所以售價相應較為昂貴，但是縞花的顏色配搭，千變萬化，近年的新品種，色彩配襯更多，更具吸引，價錢貴還是值得的。

縞花新品種的孕育很難得，葉片和種子繁殖都不可行，它是出於基因異變而得來。例如，相同的品種，生長於不同環境中，有可能產生異變，而孕育出另一個不同品種，那便是涉及遺傳物

以筆型𠝹刀於花腳左右兩方各切一刀

經過切割手術，葉冠與母株完全分離

質於種植環境轉變，而誘發改變其植物基因，它同樣融合着兩個或以上不同基因細胞組織，共存於一棵植株內，而成為一株新的縞花品種。

花莖繁殖

繁殖非洲紫羅蘭，是種植者最終的樂趣所在，種植了一段時間以後，必定會嘗試繁殖，如果掌握得法，其實不難，尤其是採用葉片繁殖，簡易直接，不過只限於普通品種而已，不適用於縞花。採用葉片屬無性繁殖，任何從葉片切割得來的細胞基因，只能取得植物的單元細胞，而縞花必需融合兩種不同類型的遺傳基因，所以繁殖上較為複雜，也較多選擇。第一，可用側芽繁殖；第二，可用花莖繁殖；第三，可用切除葉冠繁殖。但切除葉冠的處理，先要等待母株成熟，同時要熟識切割技巧，才可以進行，否則可能令母株和切割下來的葉冠完全損失。因此，在這裏建議採用側芽或花莖繁殖法，相對比較安全。

花莖繁殖法所用的花莖這麼細小，會很難成功嗎？事實上，此方法容易掌握，可達到最佳的繁殖效果。可以選擇生長在母株上最完美花朵的那枝花莖，用以繁殖，以後出來的小苗，成長開花也是十足完美的。

挑選合適的花莖

花莒繁殖的要訣

1. **培育花莒**　植株在成長階段，必須施以平均肥，並且把花芽摘除，讓植株吸取更多養分，快速生長，待標準品種有20厘米直徑，迷你和半迷你品種要有10厘米直徑，此時，不需再把花芽移除，改用開花肥灌溉，經過6-8星期的培育，平衡生長在花朵下的一對小葉子，自然隨着母株的成長而壯大，以這些優質的花莒來繁殖，定能稱心滿意。
2. **選擇花莒**　選擇生長在植株上，開出最燦爛花朵的那枝花莒用來繁殖，千萬不要吝嗇它剛剛開花。把新鮮花莒割下來，留用一對小葉子，繁殖出來的小苗，必然優質。相反用凋謝的花莒，是很難成功的。
3. **花莒處理**　完整的一枝花莒，可以分為三部分：(1) 花朵、(2) 對生小葉子；(3) 花梗。花莒繁殖就是運用 (2) 和 (3) 兩部分來進行，首先除去花朵，留下一對小葉子連花梗，花梗不需太長，用刀把它切短至大約1.3厘米，等15分鐘後，花梗的切割口乾涸，即可種入泥土中。

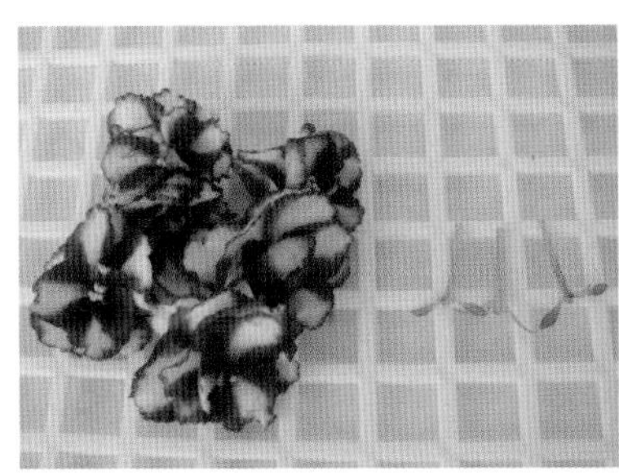

切除花朵，把花莒切短

植入泥土後的花莒

兩個月後，花莒成功孕育出小苗

4. **花莒種植**　種植泥土要以疏水為主，建議植料混合比例，最好用2份日本珠石，1份泥炭土，1份金泥，由於小葉子和花梗都非常稚嫩，操作時要特別小心，可用竹籤插入混合植料，來預製花梗植入位置，然後把花梗插入泥土，只保留那對小葉子於泥面，整個程序便告完成。

繁殖後生長的過程，是耐性的考驗，要等待1-2個月，花梗完全扎根，才比較穩定，開始從那對葉子頂部，出現新的小葉片，為使花梗健康成長，最好選用平均肥，3-4個月過後，繁殖出來的小苗必定十足強壯。

壓枝繁殖

縞花除了不能用葉片繁殖外，尚有其他多種方法，壓枝繁殖法是其中一種，與花莒繁殖法一樣，母株不會受到傷害，但要小心處理，多嘗試，才容易成功。

先選定成熟健康的母株，以以下步驟處理：

1. **令植株軟垂**　如果植株水分充足，葉片自然堅挺，葉柄堅脆而容易折斷，要配合壓枝繁殖，暫時需要母株缺水數天，令植株漸漸軟垂，才可以進行壓枝繁殖法。
2. **剔除葉柄表皮**　揀選最外圍已軟垂的葉片，在葉柄距離中心點莖部1吋位置，剔除葉柄表皮，面積只需1/4吋闊便可。
3. **定位種植**　經10-15分鐘後，待破損位置乾涸，然後把葉柄輕輕掘成U型，將破損葉柄的部分，置於盆中植土表層，再用膠叉固定壓於泥土內，加上新植土覆蓋，增加葉柄埋藏深度。大約8-10星期後，新的縞花小苗，便開始從葉柄破損位置，漸漸長出來。

樹頭繁殖

非洲紫羅蘭也如人類一樣，會有胎記，它的胎記是深綠色，幾乎是黑色的斑點，於葉片上顯示出來，而從葉片下側看胎記，會察覺它是紅色，形狀是隨機產生。在葉片突變形式的情況下，這些黑色斑點，可能是花朵將產生異變的一項指標。

數年前，注意到「Thunder Surprise」唯一的植物在新葉片上顯示胎記，果然，每一個新的開花週期，生長出更多顯著胎記的葉片，花朵顏色也開始慢慢有變，白色變得不十分清晰，其他則幾乎變為全藍色的實色花。筆者急於拯救這個品種，從經驗中知道，試圖從生長胎記的葉片再繁殖，是白費心機，因為由這些葉片繁殖而來的小苗，同樣會變異，仍然會是全藍色花朵。如果用標誌着紅色葉柄的葉片來繁殖，也是無法恢復異變前的面貌。所以筆者就開始嘗試研究，有什麼方法可以挽救這個品種。

某日於城門河畔散步，發覺大樹被颱風吹倒，隨後被工人割除主幹留下的老樹頭，看似已經沒有生命，但週邊仍會生長許多樹芽，即時啟發筆者恢復異變品種的思緒，及後再細心研究這棵「Thunder Surprise」植株，察覺葉幹近泥土位置尚存青綠，嘗試利用這僅餘美好部份使其重生，恢復舊貌。

1. 首先切掉長有胎記和紅色葉柄的葉片，只保留接近泥土的兩片沒有胎記綠葉於主幹上，這個部份稱為「樹頭」，經悉心照顧，期待它能再生側芽，而且希望是一個完全沒有胎記的側芽。
2. 3個月後，從上面取走3個完全潔淨的側芽，當其成長，進入第1次開花週期，其中兩棵開花，與「Thunder Surprise」無異，第3棵開了斑點花，便把它棄掉，直至1年後，發覺剩餘的仍能保持穩定，3棵中有2棵是成功的例子。
3. 其後，筆者再將一棵已經異變成紫色的縞花「Oceanside」作為實驗品，經過相同步驟處理，待所有的側芽成長後，都只是開出單色的紫花。筆者當時想，它如果未完全異變，只要較深地切除葉冠，保存的下半部分一葉不留，像砍伐後的樹頭一樣，能否再長出完全潔淨的縞花側芽呢？

4. 為了進一步引證，筆者再選擇「Yachiyo」來試驗，它是一棵已變為全粉紅色的縞花。首先切除葉冠上半部分，保留根球下半部分，放置在保鮮盒內，略加水份來保濕，把它放置在種植花架，1個月左右，發現1個小側芽，在切口邊生長出來，其後再發現數個側芽在根部長出，經過連翻努力，培育成株，果然恢復原來縞花的美貌，也算是有了回報。

目前有些品種經已失存，筆者嘗試樹頭種植法的概念，是希望憑今次經驗，必要時可以把僅存和珍貴品種保留，同時告訴大家，樹頭種植法是可行的。

縞花定種

縞花觀賞價值較其他品種為高，售價相對也較昂貴，原因是新種產量少，繁殖時間長，繁殖有一定困難。如果不是經種子作有性繁殖孕育出來的品種，而是由植株本身異變得來，經育種家努力栽培，而被確定的新種，每年可以發表的，實在不多，對育種家來說，新品種的確立，可算是幸運所得。

筆者經過多年的嘗試和鑽研，發覺溫度和酸鹼度這兩個因素，對亞洲國家發展孕育縞花品種最為有利。試看看日本、台灣、香港的縞花，都比歐美品種繽紛悦目，只看一棵日本縞花Yukako，初期在拍賣網站被歐美愛好者推高售價至200美元，可見他們對標緻縞花的渴求。事實上，溫度和酸鹼度影響非洲紫羅蘭產生異變，對筆者幫助很大，當然，還要經過努力栽培，才能定出新種，就以高氏縞花品種為例，就是最好的佐證。

縞花定種要訣

溫度　非洲紫羅蘭的異變，容易在溫度高於攝氏28度時發生，有利於香港在炎熱的夏季中進行縞花異變的孕育工作，但種植環境一定要保持空氣流通，並着重控制澆水，待盆中植土完全乾涸，才可加水。

酸鹼度　孕育縞花的泥土酸鹼度，宜保持pH7.2-7.5水平，如果是新植土，可以用磷酸鹽調教至pH7.2，或選用種植超越1年，仍未換新泥的母株，作為孕育試驗。

定種　非洲紫羅蘭於高溫及泥土變酸的環境下，為尋求生存，自然地產生異變，但效果非人所能控制，有可能變單色花、雙色花、或變成縞花的機會也很大，所以要看得準，多留意，多做工夫，當發現它異變成為縞花時，應立即行動，把握機會培育其下一代，否則，它有可能再次異變，成為普通的單色花。先把它定種，其後能否成功定名，可以成為新品種，那就有待觀察和培植了。

第三章

種植解難釋疑

QA

種植疑難Q & A

植料

1Q 選用何種植料種植非洲紫羅蘭？

A 種植非洲紫羅蘭的植料，對初種植者來説，比較難回答這個問題，一般採用混合植料配方，主要由基本植料，添加各類植料介質混製而成。

基本植料為：泥炭土、埡石、和日本珠石或珍珠岩；添加植料介質，可以隨個人種植環境和喜好而增減，主要可加入木炭、骨粉、雞蛋殼等。

2Q 種植非洲紫羅蘭的植料有甚麼特性？

A 種植非洲紫羅蘭的植料，要有良好疏水性能、土質微酸、疏鬆、透氣佳、含有機物質等條件。

3Q 泥炭土有甚麼好處？

A 泥炭土是一種微酸植土，土質疏鬆，pH值6.5度，含豐富天然有機物質。主要作用是保水、貯肥、與其他植料混合使用，有助增加土壤透氣功能。

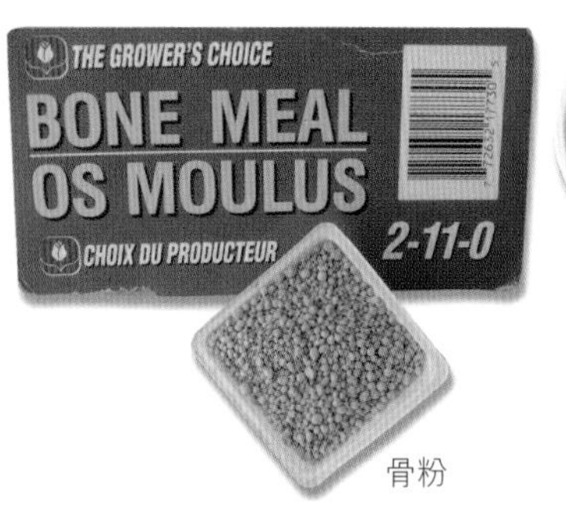

骨粉

泥炭土 埡石 木炭

日本珠石 7號珠石 2號珠石 5號珠石

4Q 珠石有甚麼好處？

A 珠石疏水效能最高，可用作改良土壤，提高植土疏水性能，兼有吸濕、貯肥功效。一般種植用途，以5號珠石較為適合。

5Q 金泥有甚麼好處？

A 金泥的學名是埡石，與其他植料混合使用，同樣具有保水、貯肥和透氣作用，亦有助促進根部生長。種植非洲紫羅蘭，最好採用3-4號的粒狀埡石。

6Q 怎樣才能知道泥土已經變酸？

A 泥土酸鹼度可用pH試紙來量度，只要把試紙放在濕潤的植土上，便可知道泥土是否變酸。更簡單的方法，就是把換盆換泥日期記錄在種植盆上，因為迷你和半迷你品種，超逾3個月泥土已經變酸，查閱日期，便知道要換泥了，而標準品種超逾6個月才需要換泥。

7Q 酸鹼度對非洲紫羅蘭有何影響？

A 度量泥土中酸鹼度即pH值，數值是從1至14。pH1最酸，pH14最鹼，而中性是pH7。最適合非洲紫羅蘭生長的是pH6.5至pH6.9之間，當泥土酸鹼度低於pH6.5時，會產生化學鎖效應，令植株不能吸收泥土中的養分，只能夠吸取鐵元素，只有鐵元素的植株，體內會產生毒性，最後導致死亡。

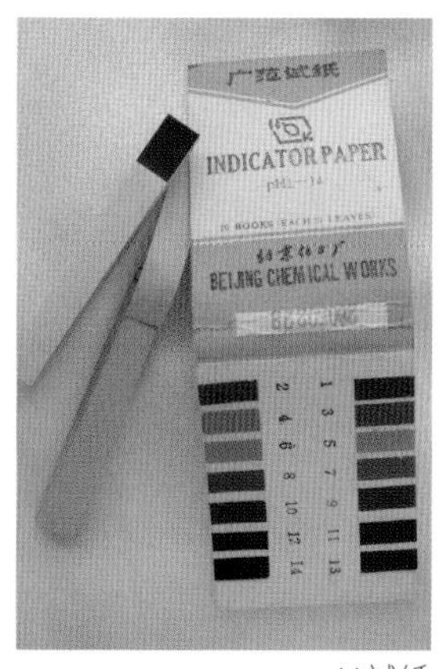

pH試紙

8Q 植料中加入雞蛋殼有何功用？

A 雞蛋殼含有鈣質，加入植料中，可紓緩泥土變酸，延長泥土使用時間，換言之，迷你和半迷你品種，加入蛋殼後，可改為4個月才換泥，標準品種則改為8個月。處理雞蛋殼也很方便，把蛋殼內層的白衣除去，用清水洗乾淨，風乾後壓碎即可。

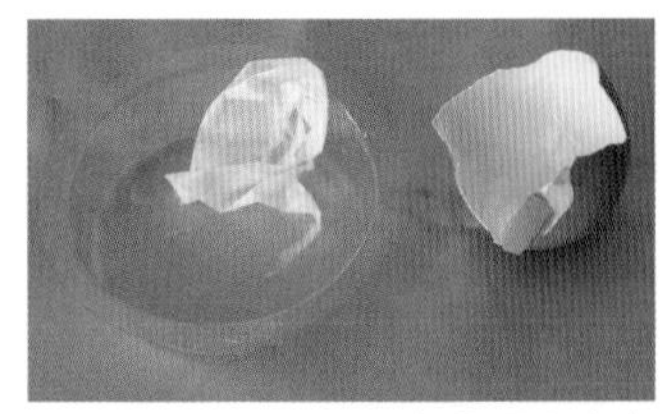
蛋殼內層的白衣

壓碎後的雞蛋殼

9Q 有沒有理想的泥土配方可提供？

A 香港屬海洋性氣候，尤其在春夏季，大部分時間都處於潮濕狀態，泥土中的水分較難揮發，繼續澆水的話，水分積聚在盆底，植土過濕，透氣性差，根部細胞會被破壞，漸漸出現爛根情況，植株會因此而死亡。為了提高疏水和透氣效果，可以從混合植料配方着手，把珠石改為配方中的主要成分。現將筆者的植料配方，提供給大家參考：

植料成分	份量
泥炭土	4公升
珍珠石	4公升
5號日本珠石	8公升
園藝木炭粒	20毫升
雞蛋殼碎	20毫升
骨粉	1茶匙

肥料

1Q 如何分辨葉肥和花肥？

A 肥料中的主要成分是氮、磷、鉀，每個肥料品牌都會有標籤說明，由三組數目字組成：第一組數字代表氮，第二組數字代表磷，第三組數字代表鉀，也代表所佔成分的百分比，例如標籤「50-10-10」，說明氮肥佔50%，磷和鉀各佔10%，氮肥可以直接幫助植株長葉，這種肥料當然是屬於葉肥；又例如，標籤「10-40-10」，說明磷肥佔40%，比氮和鉀各佔10%為多，磷肥有助開花，那這種肥料就屬於花肥了。

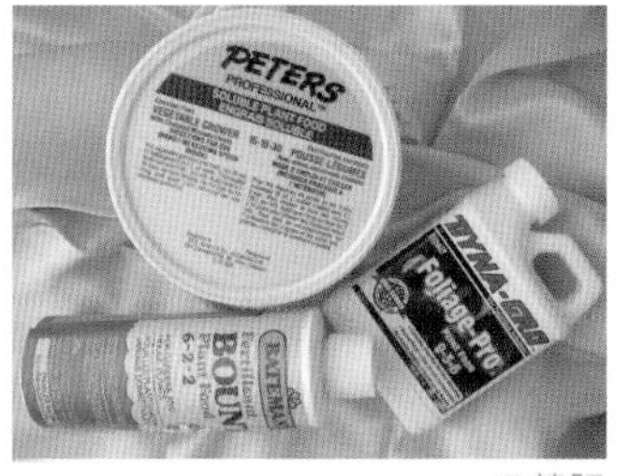

長葉肥

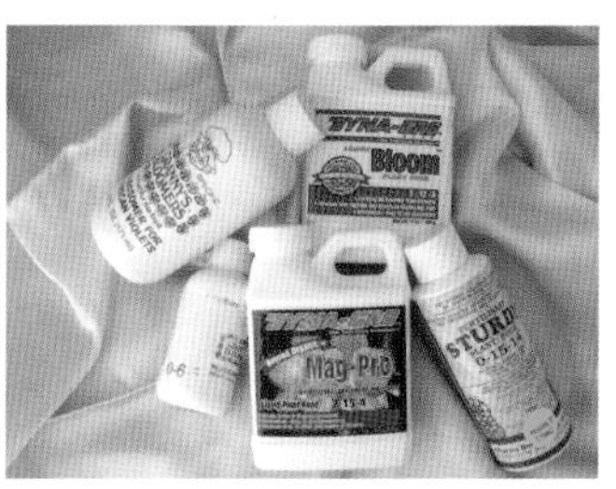

開花肥

2Q 基肥和追肥是甚麼？

A 簡單來說，基肥是直接用作混合植料的基礎肥料，基肥本身大多含有豐富的鈣、磷、和天然有機物質，在植土內會慢慢釋放養分，如牛糞肥、鳥糞肥、骨粉和血粉等，皆屬理想基肥，適合非洲紫羅蘭的生長需要。追肥是補充混合植料內不足的成分，在種植後隨着定期澆水時一起添加的肥料，包括有機肥和無機肥，皆可歸納為追肥。基肥與追肥的關係，就像人類的膳食中飯和菜的關係一樣，基肥可比喻為白飯，追肥可比喻為餸菜，款式可以更換，務求補充更多生長所需營養。因追肥主要含氮、磷、鉀，以及其他不同的微量元素，此正好彌補基肥中，只含鈣和磷之不足。

鳥糞肥

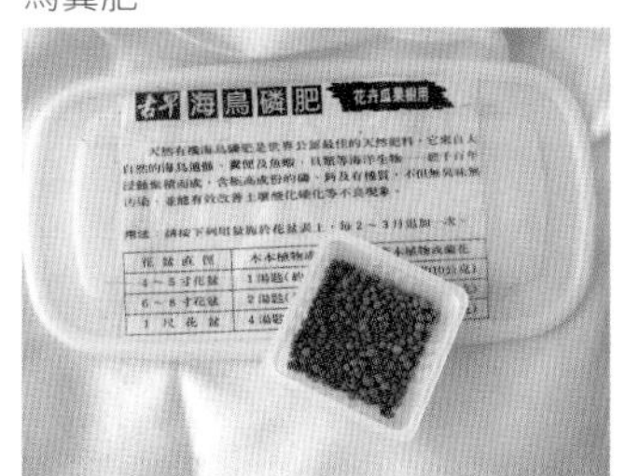

3Q 甚麼是有機肥和無機肥？

A 植物的肥料與人類食物一樣，分有機和無機兩類製成品，有機肥屬於天然肥料，包括魚肥、牛糞肥、鳥糞肥、骨粉等；無機肥屬化學元素合成的肥料，又稱科學肥，如氮、磷、鉀、鈣、鎂等，沒有異味。一般的無機肥產品，有液體和粒狀兩種，以液劑較方便使用。

4Q 如何選擇魚肥？

A 魚肥也歸納為追肥，由魚肉製煉而成，大多是液體產品，一般帶濃烈魚腥氣味，容易滋生昆蟲，不建議在家居種植環境使用。但魚肥亦有其優點，使用後植株會加快速度生長，而且可令葉面帶有光澤。香港的魚肥品牌沒有太多選擇，筆者經多番嘗試，眾多品牌中，採用了從加拿大進口的兩個牌子：「Wilson」和「Bateman」。「Wilson」魚肥腥味不太濃烈，所以不易滋生昆蟲，稀釋後使用，感覺沒有異味，選擇產品有平均肥、長葉肥、開花肥等；「Bateman」魚肥最為出名，歷史悠久。「Bounty 6-2-2」與「Sturdy 0-15-14」兩者可混合使用，亦可分開用作長葉肥和開花肥，葉面施肥效果更佳，由於氣味不算濃烈，也不易滋生昆蟲。

Wilson魚肥

Bounty and Sturdy魚肥

5Q 非洲紫羅蘭需要哪些肥料？

A 非洲紫羅蘭需要的主要元素是氮、磷、鉀，這些元素在每個肥料品牌都一定會有，植株長葉需要氮，開花需要磷，根莖生長需要鉀。

6Q 何謂微量元素？

A 植物生長除需要氮、磷、鉀外，也需要各種微量元素幫助，由於植物攝取微量元素的份量很少，故此在肥料中所佔百分比不多，包括有銅、鎂、鈷、鐵、鈉、鋅、錳等，如果氮磷鉀是植物的主餐，微量元素則是餐前餐後的小食，使其有更均衡養分幫助生長。

7Q 最好的含微量元素肥料是哪種？

A 由於每個品牌的肥料都有各自的配方，所含微量元素也各有不同，為了使植株養分均衡，建議選用幾種不同品牌肥料，輪流交替使用，令植株可以吸取到不同微量元素。

8Q 甚麼時候施肥最適當？

A 每次為非洲紫羅蘭澆水時，肥料可加入水中一同施入，但肥料一定要照指示稀釋，不能過濃，否則會產生肥害，謹記：「薄肥多施，宜淡不宜濃」。

9Q 白雲石灰岩是否可中和太酸的植土？

A 美國的種植者，比較多採用白雲石灰岩，混入植土中，除了可減緩泥土變酸外，它還含有鈣和鎂等元素。

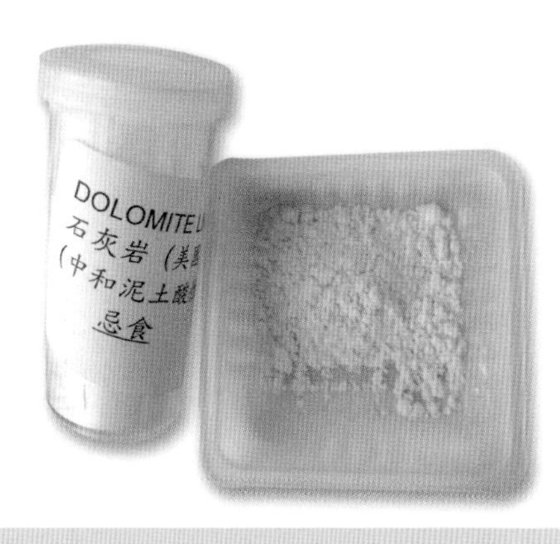

白雲石灰岩

10Q 何謂葉面施肥？

A 葉面施肥是用稀釋的肥料水，噴霧式向葉片噴射，使植株直接吸收肥料中的養分，促進植株生長。如果是標準型植株，效果更為顯著，葉幅直徑可達50厘米以上，葉片表面充滿光澤，此方法最適宜準備參加展覽比賽的植株使用。

11Q 如何進行葉面施肥？

A 首先要選用適合的肥料，通常可應用的品牌都會説明稀釋份量及適合葉面施肥字句「Foliar Feeding」。使用方法簡單，先用尖嘴壺向葉面葉底用清水噴射，目的是潔淨植株，把塵埃清除，然後按説明書稀釋肥料，把肥料水專注噴向葉底部分，因為葉片吸取水分和養分的細胞完全分佈於葉片底部，這方法最直接令植株吸收，待水分風乾後，才放回種植位置。要注意，葉面施肥不能過於頻密，大約2-3星期1次，避免植株染上肥害。

Dyna-Gro 與 Rapid Gro 適宜用作葉面施肥的肥料

1Q 選用紅泥盆或塑盆膠哪個比較好？

A 紅泥盆即素燒盆，其好處是盆身透氣，容易揮發水分，有利植物根部呼吸，避免根部腐爛，但使用一段時間後，大量肥料鹽積聚，令透氣程度減低，盆邊的肥料鹽容易令葉幹受損，同時，亦較難清洗。塑膠盆的好處是價錢便宜，容易清潔，只要適當澆水，以避免根部過濕。使用塑膠盆較為可取。

2Q 如何選擇各類非洲紫羅蘭的種植盆？

A **迷你型**　葉面幅度不超過15厘米的植株，適用5厘米或6.5厘米盆種植。

半迷你型　葉面幅度介乎15-20厘米的植株，適用6.5厘米盆種植。

標準型　葉面幅度達20厘米或以上的植株，適用10厘米至12.5厘米盆種植。近年發表的標準型組別中，有標準類的「纖巧型」，其葉面直徑只達20厘米左右，可用10厘米盆種植。

3Q 一般種植盆與葉幅的比例是多少？

A 選用種植盆的大小，可按植株葉幅作比例，大概是葉幅的三分之一便可。

4Q 種植懸垂品種的盆具有何不同？

A 栽種懸垂品種的花盆，要配合其搖曳形態，主要是懸垂品種的根部生長較淺，鑑於此，種植盆要圓形、淺底、闊，最為適合，圓形配合搖曳美觀的外貌，淺底配合根部生長，闊度配合根部蔓延。

5Q 甚麼時候換盆最適當？

A 天氣涼快的時候，比較適宜換盆。夏日炎炎，非洲紫羅蘭進入休眠狀態時，最不適宜換盆，如果有冷氣調節種植環境，則沒有問題。

6Q 為何種植非洲紫羅蘭要用較小花盆？

A 非洲紫羅蘭有「着緊鞋」的生長習性，當它的根部生長，完全逼緊盆中植土，才能進入開花期。假如剛開始使用大盆種植，根部要用較長時間生長才可以逼緊植土，開花的時間相對推遲，而且花量也會較少。

7Q 植株換盆後葉片出現白斑如何補救？

A 這是換盆時植株受到創傷的後遺症，有預防方法，當泥土非常乾涸，就不要即時換盆，先用清水把盆中植土淋至濕透，約1小時後，待植株根部完全恢復濕潤，此時換盆，便不會產生白斑現象。

8Q 開花植株可否換盆？

A 可以。由小盆轉移到大盆後，再加滿新的植土，不影響其根部組織便沒有問題。

1Q 怎樣才可知道非洲紫羅蘭需要淋水？

A 非洲紫羅蘭淋水，要視乎種植環境，溫度和濕度的變化，遇上天氣潮濕，泥土水分揮發較慢；天氣乾燥時，揮發得比較快。可以先觀察泥土表面，如果由深啡色轉為淺啡色，表示泥土開始乾涸，又或者連盆提起植株，輕身表示需要水分，葉片軟垂，植株輕身，表示已經嚴重缺水，反之葉片軟垂，植株重身的話，就為爛根現象。

葉片軟垂，嚴重缺水訊息。

2Q 為什麼淋水後葉面有時會出現白斑？

A 淋水後葉面出現的白斑，一般稱為水斑，原因是淋水時，葉面留有水珠，隨即放回窗台位置，在天然光下產生折射作用，葉面細胞受到灼傷，形成的白色斑點。

3Q 泥面淋水有何好處？

A 傳統的泥面淋水，是最好的澆水方法，可將植土內殘留的肥料鹽，隨着多餘水分從盆底排出，更能微調泥土的酸性。

4Q 盆底吸水法有何壞處？

A 如果種植數量多的話，盆底吸水法較為方便，當植株吸取足夠水分後，餘留在墊底盆的水要倒去，否則，植株根部長時間浸在水中，阻礙根系呼吸，容易產生爛根毛病。

5Q 如何應用棉芯吸水法？

A 棉芯吸水法是運用毛細管作用原理，水分從棉線的微孔細隙，把低密度水分從水盆輸送到高密度的植土內，只須每周把肥料水注滿水盆，外遊或公幹，甚至長達兩周，植株都可吸收到水分。棉芯吸水必須注意以下幾點：

1. **選擇棉線**　棉線長期被浸在水中，含棉質料會容易腐爛，建議採用含尼龍質料棉線。
2. **調節植土配方**　棉芯吸水法的配合，宜採用較疏水的混合植料，令植株根部呼吸暢順，需要較多珠石來調節，配方採用2份日本5號珠石，加1份金泥和1份泥炭土。
3. **水盆處理**　非洲紫羅蘭的水盆，猶如1個小水塘，水盆內貯存着加入肥料的水分，讓植株慢慢吸收，固定停流的水，極容易生長綠藻，滋生細菌，可用「Physan 20」來減低綠藻和細菌滋長問題，「Physan 20」是透明液體，使用以1：1000倍清水稀釋。
4. **種植處理**　棉線剪裁成10厘米長度，將放進水盆內的一端線頭，紮一個小結，此舉是防止線頭散開，不能發揮吸水作用；另一端穿過盆底排水孔，放入種植盆內，加少量植土於盆底，再將線頭弄散，散佈於泥面，作用是引導水分平均分流；最後放下植株，蓋滿新植土，棉芯吸水法步驟便告完成。

Physan 20

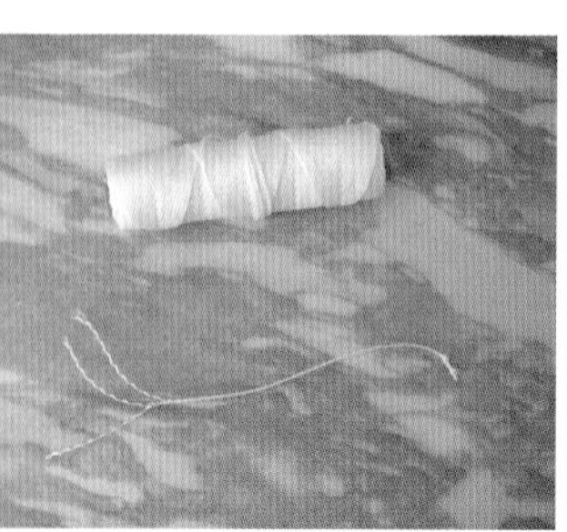

備用棉線

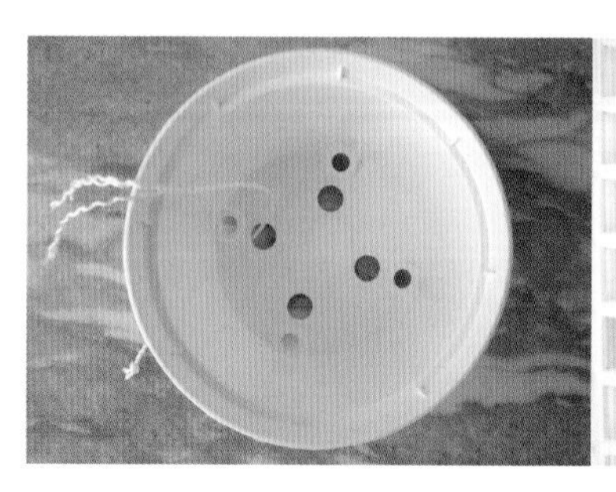

棉線的運用

6Q 植株整體軟垂嚴重缺水如何處理？

A 當植株缺水軟垂時，一定要先用清水把乾涸的植土淋至濕透，直至盆底有多餘水分流出為止，清水中千萬不可加入任何肥料，因為低密度水分，會流向高密度的水，植株體液會流向高密度的肥料水，根部組織便會被破壞，這一點很重要，當泥土得到濕潤，大約8小時後，植株自然恢復生氣。

7Q 冬天是否要用暖水淋花？

A 歐美國家使用地下水，夏天水清涼，冬天十分凍，所以需要用溫水淋花。香港的冬天雖然寒冷，水溫還可接受，只要避免在清早或晚上較寒冷的時刻淋水，不用暖水，植株也不易凍傷。

培植

1Q 非洲紫羅蘭的壽命長嗎？

A 非洲紫羅蘭雖然是草本植物，只要悉心照顧，它的壽命可以媲美松柏，筆者有一棵「Angel's Petticoats」的十字花品種，是1985年老師送的禮物，至今仍然欣欣向榮，按時為它換盆換泥，它也會定時開花，成為了家中的一份子。

2Q 是不是有些品種特別難種呢？

A 沒有特別難種的品種，只要種植環境合適，當植株適應以後，便沒有困難存在了。筆者當初培植「Lucky Penny」和「Yukako」的時候，也需適應一段很長時間。

3Q 由葉片繁殖的小苗需要多少時間才開花？

A 要視乎品種而定，一般而言，迷你型和半迷你型，大概5-6個月時間；標準型則需要7-8個月左右，始能成熟開花。

4Q 哪些葉型和花型品種適合初種者種植？

A 非洲紫羅蘭比較容易打理的品種，從外觀上也可知一二，對初種者來說，不應該選擇從外型上看就覺得複雜的品種，分析列表如下：

處理難易	葉型	花型
容易處理	普通型葉 欖核型葉　心型葉	單瓣花　半重瓣花 星型花　堇型花
較難處理	波浪型葉　少女葉 複葉　細長葉 匙羹葉　凹凸形葉脈	重瓣花　黃蜂花 綯邊花　鐘型花

5Q 外地購回的非洲紫羅蘭需如何處理？

A 郵購的非洲紫羅蘭，一般不會附有泥土，去除主根，才空運來港，雖然植株表面健康正常，可能由於環境變遷，那些原本不十分活躍的害蟲，隨植物遷徙來港，而變得活躍。為防植株帶有任何蟲菌，第一步必須消毒殺菌，用1：200倍稀釋漂白水，浸植株10分鐘，再用清水沖洗乾淨，風乾後，用新植土栽種好，然後放入透明溫箱，獨立隔離種植，1個月後才與其他植株一起擺放。就算是在本地購買的，也需要先殺蟲，同樣獨立隔離種植1個月。

6Q 溫箱中成長的小苗如何過渡到箱外栽種？

A 溫箱內的溫度和濕度，與外間環境有差異，為使小苗容易適應，先把溫箱蓋子半打開，數天後，再把小苗遷移箱外種植。

塑膠溫箱

7Q 甚麼是理想濕度，對植株有何影響？

A 理想濕度界乎60-70%之間，濕度夠的話，可令植株快速生長，促進花芽形成。

8Q 怎樣提升種植環境濕度？

A 秋冬季節較為乾燥，可轉用水盤種植，令濕度提高，或用噴霧器向種植範圍噴水，增強潮濕度數。

9Q 如何防止植株傾側生長？

A 一般植物的葉子都具向光性，植株會向着光線來源傾斜生長，如果每天把它順方向轉移90度，可令植株整體接受到同等光照，不但型態得以保持，花蕾的分佈也會比較平均。

10Q 如何清潔葉面上的塵埃？

A 用清水沖洗便可，先把植株傾側45度，避免污水流入植土，用尖嘴壺向葉面噴射，水便會隨着傾斜度連塵埃一起向下流走。

11Q 清潔葉面後留下的水分會不會影響生長？

A 當葉片上留有水珠時，不要立即放回窗台位置，避免水珠在太陽的光照下產生折射，令葉片細胞受到傷害，而出現白色斑點。最好在陰涼位置風乾，或用吸水紙吸去水分，或以風扇輔助，加速室內空氣流通，讓水分揮發，再把植株放回種植位置。

12Q 有些迷你或半迷你品種為何長大近乎標準型？

A 當生長在擠迫環境中的植株，為了互相爭取光源，製造光合作用，便會加快生長，這是基於生存理由。過大的迷你或半迷你品種出現，是不正常現象，不合乎標準，建議種植環境要預留空間，使植株可以均衡發展。

13Q 為甚麼要剔除植株側芽？

A 側芽不但會分享植株的養分，當側芽不斷長大，會造成植株傾側生長，無論是植株外型，葉序的對稱，也會被側芽完全破壞，要保持植株整體型態優美，側芽有必要儘早剔除。

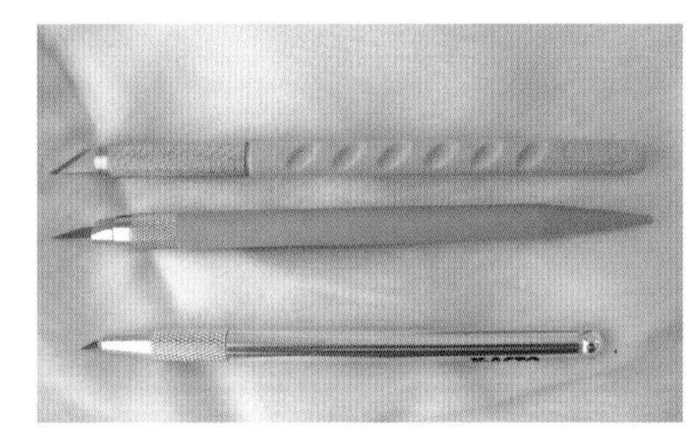

配合植株種類，採用不同筆形剔刀

14Q 怎樣移除側芽？

A 利用筆形鎅刀，在側芽左右兩邊，輕輕地鎅一下，便可把側芽移除。

15Q 空氣不流通對非洲紫羅蘭有何影響？

A 炎炎夏日，空氣不流通，人自然感覺悶焗，非洲紫羅蘭也一樣，記住一句話：人如果覺得舒服，非洲紫羅蘭也就覺得舒服。若空氣不流通，還會助長白菌病的生長。

16Q 甚麼方法可令非洲紫羅蘭渡過炎夏？

A 首選當然是有空調設備的地方，如冷氣房間、辦公室等，不然，就要盡量把植株遷移到屋內較陰涼位置，打開窗戶，以風扇輔助，加強室內空氣流通，也可用清水噴霧降溫，摘去花蕾，不要讓植株開花，澆水時不要加入肥料，並待泥土完全乾涸，才以清水灌溉，到天氣稍為轉涼時，植株自然會從休眠狀態恢復生氣。

17Q 為甚麼植株開花時新生葉片會長得較細？

A 植株長葉開花要靠吸取養分維持，未開花時，葉子有充足養分，當花盛開，爭奪了不少營養，植株又未能提供額外養分給新生葉片，所以生長出較細小葉片。補救方法，從培育小苗開始，貫徹使用平均肥，令到長葉、開花、長根，都能夠得到平均發展。

18Q 有甚麼方法可以使植株整年開花？

A 最關鍵是室溫和肥料的配合，夏天要將植株安置在有冷氣房間，施肥最好採用平均肥，令植株的根、葉、花、都能均衡生長，還要記得定期換泥，那就自然整年花朵盛放。

19Q 分株小苗長大開花花色為何與母株有分別？

A 這是常見現象，當植株轉換了環境，溫度和光線後，或在燈架上轉移了位置，都會令它有細微變化，如果兩棵植株放回相同位置種植，花色會是一樣的。

20Q 甚麼是 Geneva Violet ？

A Geneva 泛指白色絪邊花，開始是由一棵「Blue Boy」品種異變後，定名為「Lady Geneva」，再由「Lady Geneva」孕育出來的後代，凡絪上白邊的花朵，都被稱為Geneva Violet。

21Q 懸垂品種有何特點？

A 懸垂品種分橫生和直生兩種，一般以橫生品種較受歡迎，只要有一個生長點為主莖，3個或以上的橫生莖，就可以蔓延覆蓋整個盆面，搖曳伸懸到外圍盆邊，這就是懸垂品種的特點。

22Q 如何種植懸垂品種？

A 懸垂品種的根部生長較淺，要選擇用矮身闊面的盆配合，最好用美能安A（Million A）覆蓋盆底，然後填滿混合植料，把已經有3個橫生莖的主莖種入植土中，隨後繼續要將生長點頂端的4片葉子摘除，令橫生莖不斷增生，直至蔓延整個盆面生長。

23Q 斑葉品種大致可分幾類？

A 斑葉品種大致可分為三大類，第一類，馬賽克斑葉，斑紋容易保持，不會因高溫天氣而消失；第二類，杜美萊斑葉，這類型斑葉色彩和斑藝都多變化，現時大多數斑葉品種中，都屬於這類別；第三類，皇冠斑葉，它對高溫天氣，泥土酸鹼度（pH值）十分敏感，所以斑紋比較容易消失；而近年新發表的縞葉品種，也是同屬斑葉類別。

皇冠斑葉品種

馬賽克斑葉品種

杜美萊斑葉品種

縞葉斑葉品種

24Q 何謂太空種非洲紫羅蘭？

A 太空紫羅蘭的種子，真的曾經上過太空，之後返回地球，由Optimara經過11年時間的培育研究，於2001年發表Ever Floris太空種系列，至今只有11個品種，它的優點頗多，栽種容易，很少受到蟲害感染，開花期長，花量又多，色彩鮮艷，最大特色是太空紫羅蘭都綑上螢光綠邊。

太空種非洲紫羅蘭 Ever Harmony

太空種非洲紫羅蘭 Ever Glory

太空種非洲紫羅蘭 Ever Special

太空種非洲紫羅蘭 Ever Precious

太空種非洲紫羅蘭 Ever Love

太空種非洲紫羅蘭 Ever Rejoice

25Q 斑葉在甚麼情況下會走斑？

A 當斑葉品種遇上天氣太熱，或植土太酸的時候，斑紋便容易消失，出現「走斑」現象，變成一片綠葉。補救方法，把溫度降低，最好介乎攝氏20度左右，更換新植土，使酸鹼度恢復到pH值6.5度。

26Q 參賽要促進開花應如何處理？

A 參加比賽前，先以比賽日期製定日程表，和控制開花期的準備，重瓣花品種開花期為8星期；半重瓣為7星期；單瓣為6星期；按比賽日期倒數，在準備開花期之前，必須把花芽和側芽剔除，施肥要以氮肥為主，來促進葉片生長，到了擬定的開花期，即改用磷肥來促進開花數量，此時應該保留所有花芽，若發現側芽要立即剔除。期間勤於檢視植株生長狀況，到了既定比賽日，交花前不忘再次檢查，避免有破損葉片，為整體植株造型修正。

27Q 目前非洲紫羅蘭尚有多少個原生種？

A 目前非洲紫羅蘭有19個原生種，由於沒有商業價值，很難在香港找到，可嘗試接觸美國的花舍郵購。

光照

1Q 天然光照和人工照明種植有何分別？

A 在天然光照的環境下種植，有時雨天或陰天，季節性的陽光轉移，都直接影響植株的光照失衡，控制比較困難，同樣需要以照明燈輔助補光；人工照明種植的效果較為理想，可以穩定控制光照時間，沒有雨天陰天的煩惱。

2Q 甚麼是光合作用？

A 光合作用是指綠色植物通過葉綠體，利用光能，把二氧化碳和水轉化成儲存能量的有機物，並且釋放出氧的過程。

3Q 天然光照種植是否適合？

A 種植非洲紫羅蘭，如果數量不多，利用天然光和配合環境方向，只要光線充足便是適合。由於非洲紫羅蘭不喜歡被陽光直接照射，需要光照是明亮的散射光，建議利用向東或東南的窗台邊，因為早上陽光光線柔和，更為適合其生長。

4Q 使用人工照明安裝花架種植要注意甚麼？

A 設置人工照明的種植花架，視乎需要可分3-5層不等，準備白色和米色光管各一枝，每層層板之間距離約46厘米，將兩枝光管並排平放安裝於層板中間的架頂，最重要是與植株距離，要保持在30-36厘米之間。

5Q 普通光管和植物光管有何分別？

A 普通的長形光管，是利用一枝白光光管，和一枝米色光管並用，兩者發出的光線混合後，近乎日光光線，就是非洲紫羅蘭所接受的光照亮度。而植物光管Grolux發出的光線，包括大量紅光和藍光，還有少量黃綠光，紅光有助開花，藍光有助葉片快速生長，而且效果顯著，比普通光管更可取。

6Q 怎樣知道非洲紫羅蘭所需光亮度是否足夠？

A 非洲紫羅蘭需要的光亮度為6,000-10,000 LUX光照單位。要知道是否足夠，可使用光照強度測量器，簡單方法，把手掌放置於光線下，如果有手掌影子產生，就代表光照亮度已經足夠了。

7Q 光照太強非洲紫羅蘭會有甚麼反應？

A 光照太強，葉片會漸漸轉黃，甚至像被漂白過一樣，葉柄生長短小，植株中心點生長緊逼，外圍的一層葉片，會向下彎捲，造成抓盤現象。

8Q 光照太弱非洲紫羅蘭會有甚麼反應？

A 光照太弱，葉子為了爭取光線，向着光源伸展生長，變成葉柄徒長，葉片沒有光澤，植株豎高生長，型態醜陋，甚至造成沒有花開的嚴重後果。

9Q 人工照明種植最適當的光照時間要多久？

A 人工照明種植，時間上可以控制，最恰當光照是12小時，有需要時可調節至16小時，但在24小時內，必須讓植株處於黑暗環境中，休息足夠8小時，如果缺少一兩天光照，對植株影響不大，反之，沒有讓其在黑暗中休息，則會令植株減慢成長。

10Q 花架種植植株怎樣擺放合適？

A 擺放植株位置，以葉片來作定向，其原因是，深綠色葉片需要光照亮度最強，宜擺放於最明亮的位置；淺綠色葉片，需要光照亮度次之，宜擺放在燈架兩端，光照次強位置；斑葉和少女葉，同樣需要是次強的光照亮度。

蟲害

1Q 如何處理殺蟲的步驟？

A 當非洲紫羅蘭遇到蟲害時，的確令人困擾，如果不太嚴重，可用洗潔精加消毒火酒嘗試消除蟲菌，如果是嚴重感染，就要用殺蟲藥處理。在噴灑殺蟲藥之前，先以清水沖洗葉片，令葉子呼吸氣孔打開，也連帶沖走部分蟲菌，然後用稀釋殺蟲藥水，直接噴灑植株、葉面、葉底、植土等，徹底噴透，此程序每星期做一次，要進行三次，務求把害蟲和蟲卵一併殺絕。最後記得把感染植株隔離，避免傳染。

2Q 如何安全使用農藥？

A 農藥即有毒性的殺蟲劑，使用前要先閱讀說明指引，完全瞭解使用劑量和安全方法，並戴上口罩及膠手套，打開窗戶，啟動抽氣扇，令室內空氣流通，當完成殺蟲工作後，緊記清潔雙手，以免手部沾有殘餘農藥傷害皮膚，用剩的殺蟲劑不可保留再用。

3Q 剛買回來的植株是否先要殺蟲？

A 無論是郵購或是本土購買的植株，一定要經殺蟲消毒程序處理，再放入透明溫箱內封蓋隔離，待觀察1個月後沒有異樣，才可與其他植株擺放在一起。

4Q 怎樣分辨植株是否爛根？

A 植株葉片軟垂有兩個原因：一是缺水，二是爛根。手中拿起整盆植株，如果發覺植株十分輕身，而泥土乾涸，這情況是缺水，只要充分澆足水，植株便會慢慢恢復過來；但如果發覺植株重身，泥土濕潤，葉片軟垂，這是爛根訊號，應該立即行動，從種植盆把泥膽推出，用刀片將棕啡色的壞死根部切除，直至看見白色的根為止，等候15分鐘，待根部的切割口完全乾涸，換上新的植土，把它重新種植，新生命會再開始。

5Q 葉片捲曲抓盆屬甚麼病徵？

A 葉片捲曲抓盆是常見問題，可能是該品種本身的遺傳特徵，又可能是光照太強而造成。如果是品種遺傳，可將外圍抓盆葉子切除，切割口要加上新泥土覆蓋，並以葉托輔助，情況慢慢會得到改善。如果是光照問題，葉子因為要逃避強光，本能地捲曲向下，只要保持光照亮度適當，濕度配合在60%左右，葉子的捲曲現象自然會消失。

6Q 如何殺滅棉花蟲？

A 棉花蟲學名粉介殼蟲，可分兩類，在植株主幹和葉幹蠕動的，屬葉面棉花蟲，以棉花棒蘸上消毒火酒，塗在主幹和葉幹上，便能把其消滅。不容易被發現，又難根治的，是泥土棉花蟲，它生存在泥土中，慢慢吸取根部汁液，根部被破壞後，植株便逐漸萎縮，不再開花，葉子開始變黃，如果發現有一棵植株受到感染，其他植株也很難幸免。殺滅棉花蟲的方法：將原有的種植盆和泥土全部棄掉，以1：99稀釋漂白水將種植範圍消毒，把感染植株的根完全徹底去除，用1：200倍稀釋漂白水，浸植株10分鐘，再用清水沖洗乾淨，風乾後，用新盆新泥重新種植。為免蟲患復發，以1：300倍稀釋「帝仙隆」，為新栽培植株進行滅蟲治療，每星期1次，完成3次便可。

7Q 感染仙客萊蟎的植株有何徵兆？

A 蟎的家族很龐大，專門侵襲非洲紫羅蘭的有仙客萊蟎，茶細蟎兩類，受仙客萊蟎侵害的，是幼嫩的新葉，令植株中心點扭曲，細葉叢生，葉子擠迫得不能伸延生長，還長有細毛，看起來像過於潮濕的樣子。而感染到茶細蟎的植株，除中心生長點扭曲變形外，葉尖變圓，葉片向內彎曲，與匙羹葉形狀相似。

8Q 受仙客萊蟎侵襲用甚麼方法根治？

A 仙客萊蟎蔓延迅速，當發現有植株感染時，其他植株也應一併進行殺蟲處理。可用「蟎克」或「帝仙隆」，以1：300倍清水稀釋，向整體植株、葉面、葉底、種植泥土噴射，直至泥土濕透為止。要徹底滅絕蟲害，每星期進行1次，必須完成3次。

9Q 花瓣上沾有花粉是甚麼蟲害，怎樣處理？

A 花瓣上沾有花粉，是植株受到花粉蟲的侵害，花粉蟲學名薊馬，通常牠們會跳躍飛行於花朵之間，以花粉為主要食糧，專門侵襲花芽和花朵，受害花芽會變成棕色，接着萎縮，花朵也很快凋謝。由於花粉是花粉蟲的食糧，消滅牠們就要從這方面着手，把所有花莒除去，使其得不到食物而餓死，或自行離去。將沒有花莒的植株，用農藥「帝仙隆」或「苦楝油」(Neem Oil) 進行三階段的滅蟲治療，每隔3天1次。「帝仙隆」同樣1:300倍稀釋，或用10毫升「苦楝油」和10毫升洗潔精，再加入1公升清水混合使用。

繁殖

1Q 葉片繁殖用水浸方法可行嗎？

A 浸水插葉繁殖法，是把葉柄浸入水中，待母葉出根後，再遷移到泥土種植。要知道，葉子從水中長出的根部系統，與在泥土中長出的根部系統有所不同，母葉移種到泥土後，需要額外時間，再長出另一套適應泥土生活的根系，來維持正常生長，換言之，水浸過程是浪費時間而已。

2Q 如何挑選用來繁殖的葉子？

A 用作繁殖的葉片，一定要來自健康的植株，避免揀選最外圍的葉子，因為老黃葉的繁殖能力減低，孕育時間較長，出來的小苗也較弱，植株中層的葉片最為適合。感染病毒植株的葉子切不可用，以防病菌會延至下一代。

3Q 一片母葉是否可以繁殖出很多新芽？

A 一片母葉是可以發出多個新芽，只要揀選的葉片健康，在葉柄末端45度斜切，令繁殖面積擴闊，發出新芽會較多。

4Q 何謂一葉一苗繁殖法？

A 一葉一苗繁殖，就是當母葉長出多個小苗，只選擇一棵最強壯的保留下來，其餘全部切走，目的是要把所有養分，供應給這唯一的幼苗，促使它快速健康成長。

5Q 甚麼時候將母葉和小苗分盆？

A 當小苗長出4片葉子，這時便可離開母葉，獨立分盆種植。

6Q 當母葉繁殖時澆水可加入肥料嗎？

A 母葉在上盆繁殖期間，澆水時也可以加入肥料，對母葉的繁殖沒有影響。

7Q 甚麼叫做異變？

A 植株的外貌、花型、花色，與母株本身有差異，這種變化，非洲紫羅蘭的育種者，會稱之為「異變」。

8Q 花粉繁殖怎樣選擇父本和母本植株？

A 首先要揀選那些容易栽種，不需多下工夫，生長良好的品種；其次是開花量多的植株；最後，當然是要選擇自己喜歡的花色，花型等。

9Q 雌性花蕊甚麼時候適合用作繁殖？

A 當花朵完全盛開，代表雌性花蕊已經成熟，雌蕊柱頭會分泌出黏性汁液，此時即可接受雄性花粉進行交配繁殖。

10Q 花粉繁殖怎樣進行？

A 首先準備一張白紙，對摺一下，造成一條坑道，把新鮮的花粉囊剪下來，放置於白紙上，用刀片把花粉囊界開，讓花粉全部跌落到白紙上，將白紙連花粉對摺，利用造成的通道，慢慢將花粉倒向雌蕊柱頭進行交配，雌蕊受精後，子房漸漸長大，大概6個月後，成熟的子房會轉為啡色，授粉繁殖成功。

11Q 怎樣用種籽繁殖小苗？

A 播種繁殖，先要準備育種器皿，一個12.5厘米直徑的透明保鮮盒，盒蓋鑽上幾個約1毫米氣孔，植料也要特別配製，以1：1份量金泥和2號日本珠石混合，把混合好的植料放入保鮮盒，最重要是加水使植土濕潤，將微細黑色種籽放在白紙上，使之容易看見，輕輕提起白紙和種籽，平均分播於植土中。完成播種後，把保鮮盒膠蓋封好，盒內既有流動空氣，又有保濕效果，經過兩星期後，種籽開始發芽，待小苗長出有4片葉子，便可移離獨立種植。

12Q 成熟的種籽是否可收藏後用作繁殖？

A 非洲紫羅蘭已成熟的種籽，可收藏於信封內，為防止潮濕導致種籽發芽，把信封放進密封的貯存膠盒，擺放於通爽位置或雪櫃的蔬菜貯存格內，保存一年仍可用作繁殖，貯存過久，種籽的發芽率就有可能降低。

附錄

註冊新種

推動種植非洲紫羅蘭風氣，除了要支持商業育種者的活動，也需要業餘愛好者多參與論壇講座，參與花展比賽，孕育新品種等，從而讓更多人對種植非洲紫羅蘭感興趣。

一個新品種的確立，必需經過三代繁殖而肯定，然後命名，申請註冊，登錄美國非洲紫羅蘭協會（AVSA）辦理手續。

- **命名**　是一個很有趣的玩意，以個人心境意願，花的型態，或好朋友的名字，均可用作命名，不過，如果用別人名字命名的話，必須要被命名的人簽署同意書。
- **註冊程序**　申請新種註冊並不困難，主要是填寫表格，美國非洲紫羅蘭協會樂意接受會員和非會員辦理申請，手續過程如下：

申請表格	第一步，電郵AVSA註冊委員會，請對方郵寄申請表格，表格是使用脫酸紙張，AVSA不會接受影印表格。
填寫表格	表格要清楚填寫個人資料，新品種名稱和特徵，新品種的父本和母本。
註冊費用	會員，每個品種收費5美金。 非會員，每個品種收費25美金。
遞交表格	將填妥的申請表格連同美金銀碼的銀行本票，郵寄給AVSA註冊委員會，並電郵新品種相片，以供委員會作審批和存檔。

比賽攻略

- **選擇理想的品種** 是預備比賽的起點，可從自己收集的品種中，發掘那些已經適應現時種植環境，生長良好，葉片對稱的植株，加以培育。優秀的植株品種，當然是葉幅寬大而渾圓，花量多而集束於中心生長。有了熟識種植這些品種的條件，自然能夠增強信心，事半功倍。
- **培植** 選定了品種以後，培植的步驟，先從葉子方面着手。生長整齊而對稱的葉片，看上去總是令人感覺舒適及完美，有人會提出問題，究竟怎樣才可以培植出葉型優美的秀株呢？葉片的健康與否，是造成植株能否達到最佳狀態以及是否能開出美觀花朵的必要前提，因此「保持葉片健康」和「促進葉片生長」兩大關鍵問題要同時注意。

1. **保持葉片健康** 首先要定時檢視植株生長狀況，確保它沒有凋謝或腐爛的葉子存在，凋謝或腐爛的葉子除了在型態上不美觀外，腐葉還會滋生細菌，導致植株染病，因此預防也相當重要，要按時為植株灑上殺蟲劑，避免各類害蟲寄居在葉片和泥土上，妨礙其健康成長。
2. **促進葉片生長** 植株的生長進度與肥料所提供的養分成正比。充足的養分對於葉片生長發展，有一定幫助，無論是破損葉，老、黃、和嬰兒葉片，都會爭取養分，因而削減了良好葉片所吸取的肥料營養。基於優生學理念，「促進生長」便需把那些妨礙發展的多餘的破損葉、老葉、黃葉、嬰兒葉儘早去除，讓植株有更充足的養分，並且有足夠的時間長出健康的葉片，來填補由摘除不必要葉子所留下的空隙。

側芽成長致使植株傾斜

與此同時，要注意花芽和側芽的生長，由於屬培植期，花芽無須保留，側芽也要剔除，此舉除可保留養分提供給葉片外，更可避免側芽的長出使植株出現傾斜發展或扭曲生長現象。

最好採用以氮肥為主的長葉肥料，配合適當的光照時間、溫度、和濕度等環境，植株成長自然健康而茂盛。

- **細微處下工夫**　除了以上兩項培植秀株的基本需要，也應在細微處下點工夫，例如在清潔、造型、換盆、和光照位置的調配上着手，達至盡善盡美。

1. **光照**　種植非洲紫羅蘭，天然光照時間長短及光線方位都很重要，如果採用人工光照種植，這部分很容易解決，只要每天光照時間足夠，大約12小時，已經可以了。使用天然光照，擺放位置最好是東南方向，有明亮光線的窗邊。由於植物的向光性，從而產生趨向光源生長的現象，因此每天必需將植株以順時針方向，以90度轉移方位一次。
2. **清潔葉片**　經常保持葉片清潔，令其能夠吸取充分光照來進行光合作用，每周可用清水噴灑葉面一次，使塵埃隨水流走，然後擺放在陰涼地方，待葉面水分隨空氣揮發後，再放回光照位置。特別要注意，若植株的中心生長點留有水分，可能導致中心點腐爛，若葉面留有水珠，被光線折射，可能會灼傷葉面細胞，令葉片產生不雅觀的白色斑點。
3. **植株造型**　植株一般會有輕微抓盆的生長習慣，外型上不甚美觀，可使用葉托輔助，使葉子整齊地在盆邊上生長，理想植株的葉冠、葉片應該是對稱的，但有些空隙不能覆蓋時，

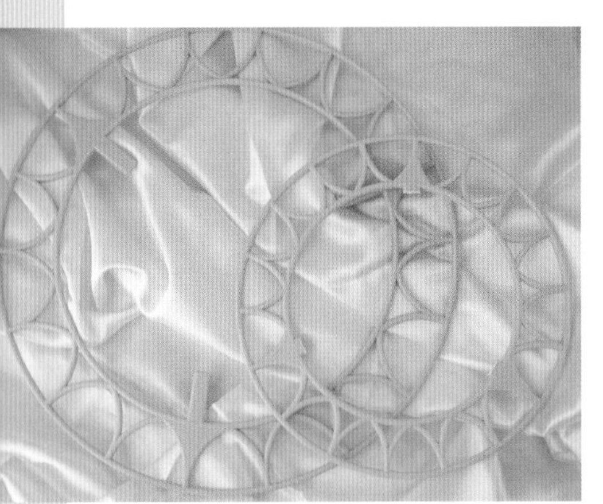

葉托

以葉托輔助生長的秀株

有必要引導葉柄移位，可使用小膠籤，把葉柄固定於空隙旁邊的泥土上，將葉柄輕微移向空隙位置，每隔數天移動少許，直至空隙被葉片完全遮蓋為止。

4. **換盆**　正確的換盆程序，對植株型態和開花的影響有很大關係，非洲紫羅蘭的習性是喜歡「穿着緊鞋」，意思是，當生長在盆內的根，緊逼着整個種植盆時，才能促使植株開花，所以換盆不可急進，必須按步就班，根據植株的類別和大小，換上適當的種植盆。

   小苗的時候，要用5厘米苗盆；大概經過2-3個月時間，盆內的根已經逼爆，例如是半迷你或迷你品種，升級上6.5厘米盆便可。若為標準品種，可先升級上7.5厘米盆，然後按時遞增至12.5厘米盆最為理想。若然沒有按時換上適當的盆，葉子生長會漸漸縮小，及後再換上大盆，當植株恢復正常發展，新生的葉子恢復較大，造成植株的葉子大小參差，型態上自然不美觀了。

5. **斑葉處理**　斑藝出眾的斑葉，就算不在開花期，同樣有欣賞價值。所以，斑葉品種最是逗人喜愛。要保持斑葉中的斑紋不會跑掉，可使用少氮的肥料灌溉，在溫度略低的環境種植。每個斑葉品種對溫度的敏感度都未必相同，當發現斑紋退卻，可能是溫度過高，也可能是氮肥過多，此時，便要把室溫調低，或轉換較涼位置，並改用磷肥為主的肥料，以作補救。

- **造型方面下工夫**　有意參加花展比賽的花友們，經過一段時間的悉心培植，應該可以看到期待的成果了，切記在比賽前要在光照、施肥、及造型方面再多下點工夫。

1. **光照**　按花展交花日期，從倒數第12個星期開始，光照時間要加長，漸進式每周加1小時，最長每日可照光16小時。要讓參賽秀株在全黑暗環境中有8小時的休息睡眠，翌日才能完全恢復生氣。
2. **施肥**
   - ◆ **葉面施肥**　由花展交花日期，倒數第16個星期開始，每隔兩星期，以氮肥進行葉面施肥1次。
   - ◆ **轉用磷肥**　由花展交花日期，倒數第8個星期開始，改用以磷肥為主的花肥，使花芽繁密生長，等待開花。
3. **保留花芽**　由於單瓣、半重瓣、重瓣、及花蕾成熟時間不同，保留花芽日程也不同。如下表所示：

重瓣花	倒數第8個星期	最後1次摘取花芽
半重瓣花	倒數第7個星期	最後1次摘取花芽
單瓣花	倒數第6個星期	最後1次摘取花芽

4. **造型**　比賽前仍要每星期剔除側芽，最後一星期記得把枯花摘除，修補及整理好葉片。